科学新知系列

可怕的科学
HORRIBLE SCIENCE

TRIFFIC CHOCOLATE
巧克力秘闻

[英] 阿兰·麦克唐纳德 原著 [英] 克里夫·高达德 绘 徐晓敏 孙璐 译

U0257096

北京出版集团
北京少年儿童出版社

著作权合同登记号

图字:01-2009-4310

图书在版编目(CIP)数据

巧克力秘闻 /（英）麦克唐纳德（MacDonald，A.）原著；（英）高达德（Goddard，C.）绘；徐晓敏，孙璐译 . 2版 . —北京：北京少年儿童出版社，2010.1（2024.7重印）
（可怕的科学·科学新知系列）
ISBN 978-7-5301-2380-5

Ⅰ.①巧… Ⅱ.①麦… ②高… ③徐… ④孙… Ⅲ.①巧克力糖—少年读物 ②巧克力饮料—少年读物 Ⅳ.TS246.5 TS274-49

中国版本图书馆 CIP 数据核字(2009)第 182681 号

可怕的科学·科学新知系列
巧克力秘闻
QIAOKELI MIWEN

［英］阿兰·麦克唐纳德 原著
［英］克里夫·高达德 绘
徐晓敏 孙 璐 译

*

北 京 出 版 集 团
北 京 少 年 儿 童 出 版 社 出版
（北京北三环中路6号）
邮政编码:100120

网 址：www . bph . com . cn
北 京 少 年 儿 童 出 版 社 发 行
新 华 书 店 经 销
三河市天润建兴印务有限公司印制

*

787 毫米×1092 毫米 16 开本 9.75 印张 60 千字
2010 年 1 月第 2 版 2024 年 7 月第 43 次印刷
ISBN 978－7－5301－2380－5/N·168
定价：22.00 元
如有印装质量问题，由本社负责调换
质量监督电话：010－58572171

目 录

简直太诱人了！

说明书

在英语中，有哪一个词会比巧克力更备受关注呢？分享一小包奶酪，你会立刻拥有一帮新朋友。准备一盒巧克力，大人们将奇迹般地从电视机前的困倦中清醒过来。即使你只是向别人要一些玛氏巧克力，你也会看到他极不情愿的表情。在这一点上，任何东西都不可能与巧克力有异曲同工之效。

想一想，你会……

当然不会。人们早就知道，作为礼物，巧克力是独一无二的。自从人们把这种甜甜的东西从坚果中分离出来，人们就不仅仅是喜欢它，而是热爱它，甚至达到狂热的地步。这种从美洲的可可豆中提取出的香甜的东西，逐渐征服了全世界。如今，巧克力随处可见（当然除非你碰巧正在撒哈拉沙漠）。

这是一本专门为巧克力迷准备的书，因为他们希望更多地了解自己所喜爱的食物。从这本书里，你能够了解从阿兹泰克到飞船巧克力的发展历史，会遇到像萨缪·派派斯、维多利亚女王和罗尔德·达尔这样一些著名的巧克力爱好者，明白为什么巧克力也是投毒者喜欢用的食物。当你从我们描绘的精彩章节中获得这些信息以后，就可以给家人和朋友讲述许多有关巧克力的故事。

所有的故事都汇集在这本书中。走进这个陌生的、令人惊奇和充满坎坷的巧克力世界，你会感到无穷的乐趣。

从一颗豆开始说起

首先，什么是巧克力呢？

多愚蠢的问题！我们都知道什么是巧克力。不就是你要去电影院之前，牛仔裤后兜里装的那块长条状的零食吗？

实际上，这个问题并不像表面看上去那么愚蠢，至少专家们为如何准确称呼巧克力已经争论了许多年，而且一些欧洲国家的人觉得，他们在英国吃的那种甜甜的食物根本不该叫作巧克力（但后来更多的食物也被称作巧克力）。

简单地说，巧克力应该是一种从热带的卡考树种子中提取的食物。

你是不是觉得卡考是错别字，应该是可可树？实际上，卡考树是可可树的另一种叫法——是在传播过程中走了样。

那豆豆就是巧克力！

卡考是一个西班牙人从墨西哥印第安阿兹泰克人那里学来的词，后来被英语国家的商人念成可可。这些商人把卡考树种子带回英国，人们就叫它们的果实为可可豆。

如果你想成为一名聪明的侦探，可以在家里做以下有趣的试验。

3

　　从商店买的巧克力差不多都是牛奶巧克力。 实际上，巧克力有很多不同的种类。你要知道，有些所谓的巧克力根本不是巧克力。下面我们来考考大家，看你能否指出哪些东西不属于巧克力。

认出假货

1. 深色或单色的巧克力

　　深色巧克力带苦味，巧克力原浆含量大约占50%。那些对添加焦糖、 糯米粉和其他东西深恶痛绝的人需要这种醇正的巧克力。

2. 不甜的巧克力

　　把纯巧克力浆直接冷却，是那些喜欢制作美味甜点的厨师的拿手好戏。你可以在蛋糕上见到这种流淌的巧克力。

3. 半甜的巧克力

　　主要用于烹饪。 这种巧克力浆里含有更多的可可脂和糖。

4. 牛奶巧克力

这是我们平时最常吃的巧克力。这种巧克力添加了更多的可可脂、糖和香草。添加了这些东西以后，巧克力的口感会更好，便于我们狼吞虎咽地大口咀嚼。

狼

5. 白巧克力

含有可可脂、糖、牛奶和香草，但是其中没有可可豆的固体物质。这样的巧克力呈现白色或淡黄色。

6. 糖果巧克力

有时我们用这种东西浇在蛋糕或草莓饼上。另外还有一种带巧克力味的糖果，但很容易融化。

答案

白巧克力和糖果巧克力不能算巧克力。虽然白巧克力被叫作巧克力，但是里面没有可可豆的固体物质。白巧克力看上去好看，口感润滑，但抱歉的是，它并不是真正的巧克力（可能应该叫作牛奶魔力）。同样道理，糖果巧克力只是一种巧克力颜色的糖果，看上去像巧克力，但仔细观察，糖果上面布满小坑坑。

从可可豆到块状巧克力

现在我们知道什么是巧克力什么不是巧克力了，可是，巧克力是怎么做出来的呢？如果你得到了几粒可可豆，把它们种在你家花园里，几年以后能从树上收获可可豆吗？十分遗憾地告诉你，绝对没那么简单（否则雀巢公司就该关门了）。

从一粒可可豆到块状巧克力，整个制作过程要花费大量的时间和精力，经历很多阶段。如果你想尽快开始自己制作巧克力的生意，你要做下面这些事。

制造巧克力

第一步：自己种植可可树

你将需要：

▶ 可培育植物的小块土地
▶ 几千粒可可豆
▶ 一些你喜欢的连环画书
▶ 一个长把的切豆荚的刀具

1. 搬到赤道附近的热带国家去住（巴西或西非，别去冷的地方）。

2. 在大树下的阴凉处种下你的可可豆，比如香蕉树或芒果树下（在冷地方可找不到这些树）。

3. 等12至15年后，这些树长大，结出饱满的豆荚（等待的闲暇可以阅读带来的连环画）。

4. 用长把刀具切下成熟的豆荚（长把刀具通常是绑在棍子上的刀）。把豆荚切开，取出可可豆。

5. 把香蕉叶盖在这些可可豆上，让它们发酵一周左右。等这些豆豆的颜色变成棕色，味道会更香。

6. 然后放到太阳下晒大约3天，使它们干燥。

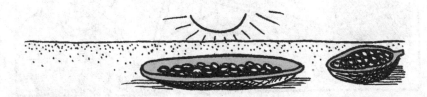

第二步：制造巧克力原料

你将需要：

▶ 一台清洁用的机器

▶ 一口大锅 （可不是你妈妈煮饭的锅）

▶ 一台粉碎机和吹风机

▶ 一台研磨机

可可原料

1. 把可可豆清洗干净，去除果实上面的浆和其他没用的东西。

2. 在120℃的大烘烤炉里烘烤。

3. 敲开可可豆的外壳，放在常温下吹风，留下可食用的可可碎粒。

4. 把可可碎粒放进两个滚轮之间，把它们研磨成棕色的巧克力碎末——制造巧克力的原料。但还会有些颗粒在里面，像沙子一样。这样的东西可做不出你喜欢吃的巧克力来。

5. 用很大的压力把巧克力碎末中的一半油脂挤出来（可可脂）。别扔掉，以后还用得着。

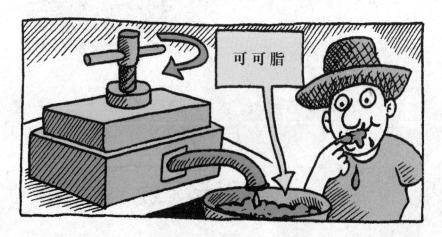

可可脂

第三步：制造牛奶巧克力

你将需要：

▶ 糖

▶ 香草

▶ 牛奶

▶ 巧克力工厂

1. 在巧克力原料中放入糖和浓缩牛奶，搅拌成糊状物。

2. 让糊状物通过一连串转动的大滚轮，从大滚轮后面挤出来的巧克力就变得更加细腻，我们叫它巧克力屑。把你开始留下的可可脂再加回去，制成巧克力膏。

3. 现在，这些膏状物已经变成入口即化的巧克力。把它们放在一个大容器里加温，然后用一些巨大的滚轮徐徐地碾过。这要用几天时间，你可以坐下来接着享受带来的连环画。

4. 让大容器里的温度慢慢降下来，巧克力会变得更加润滑，成为理想的状态。把它们慢慢旋转着倒出来，灌入准备好的金属模具里。

5. 巧克力在模具里成形，你就可以拿着成形的牛奶巧克力放到嘴里嚼啦（当然还可以马上把它们送到附近的糖果店，这时所有的辛苦都会被抛在脑后）！

巧克力山

　　就像我们已经了解的那样，制造巧克力要花费很多时间，还会遇到许多麻烦。假如这种丝般润滑的食品制造起来没有那么复杂，制造商们肯定乐得合不拢嘴了。尽管如此，一些制造商，像雀巢、玛氏和好时公司，还是从制造和销售巧克力中发了财。

　　每年世界上有大量巧克力被人们买走并吃掉。例如，英国人每年要吃掉50万吨巧克力。20世纪90年代，巧克力的销售统计表明，每年每个英国人要吃掉：

120块巧克力块

10袋巧克力

1.6千克盒装巧克力

0.6千克复活节彩蛋

1.6千克酒心巧克力

7千克迷你巧克力球

　　这简直是一座巧克力山呀！问题是，为什么我们总是抵制不住巧克力的诱惑？举个例子，过圣诞节时，家里的每个人都被丰盛的火鸡大餐塞得饱饱的。再端上果盘，谁都懒得再多看它们一眼。但是，如果拿出一盒巧克力，那些本来撑得够呛的亲友们却突然食欲大增！他们舔着嘴唇，盼着多得到一块他们钟爱的巧克力。

　　为什么巧克力会有如此的魅力？科学家研究了这种现象，发表过许多相关的看法。我们请他们解释一下其中的原因。

　　可能所有这些说法听上去都很有道理。

　　确实，巧克力的口感和味道非常独特。一位巧克力专家欣赏高品质的巧克力就像品尝葡萄酒。她认为巧克力具有一种苦与甜之间完美的平衡。巧克力好像隐含着各种味道，像新割下来的干草、雪利酒和奶酪，甚至是以前你从没有体验过的某种味道。

再说，巧克力的质地也非常特别。巧克力不像其他食品，可可脂让巧克力滑润，在不同温度下口感会有轻微的变化。一块巧克力放在兜里是硬的，但放到嘴里的时候，口中的温度足以使它溶化，在嘴里释放出甜甜的香味。

最后要声明的一点是，吃巧克力会上瘾。当人们说到M&M巧克力豆或者好时牌巧克力好吃的时候，他们的意思很明确——想再吃点儿！

巧克力中大约含有300多种化学物质。有一种物质是很少量的咖啡因，是从咖啡中发现的。还有一些化学物质具有绕口的名称，如苯乙胺醇。

苯乙胺醇有升高血压加快心跳的作用，所以巧克力能让我们"振奋"。怪不得有人说吃了巧克力后就会精神倍增。

然而，有些科学家不同意这种说法。他们认为化学物质理论是旧时贪吃的代名词。他们说，他们之所以吃巧克力，就是因为这种东西好吃。我自己也觉得有一点可以认同——里面有著名品牌的牛奶。

令人扫兴的批评

如果有一种东西被成千上万的人所喜欢，那么必定会有人诅咒它，或过不了多久有人就会说这是"坏东西"。实际上，人们把巧克力称为"坏东西"已经有几百年了。17世纪时，有的牧师甚至把饮用的巧克力谴责为"撒旦的饮料"。直到1712年，英国一本叫《观察家》的杂志还这样警告人们：

这些刻薄的批评一直延续至今。巧克力背负着种种恶名，从吃了脸上长痘痘，到吃了牙要生龋齿，等等。这些恶名是真的，还是那些喜欢嚼舌的人编造出来的没有事实依据的理论？

下面是一个有趣的智力测验，请你试一试，能否从各种假设中找出答案。

好玩的智力测验——事实还是虚构？

下面的说法是对还是错？

5. 吃太多的巧克力会让你发胖。

6. 巧克力含有许多有益于健康的维生素。

7. 巧克力能让你顺利通过考试。

答案

1. 对。巧克力对你的牙齿不好，因为里面含有很多糖。但是你不要灰心，因为……

2. 对。巧克力对你的牙齿有好处！法国医生海维·罗伯特称："可可起码含有三种能杀死导致牙洞的物质。"他指出，牙科医生认为吃葡萄、香蕉或面包等食品，都比吃巧克力更能引发龋齿！

我该给你减少一些水果……

3. 错。一项在美国的调查表明，吃巧克力和脸上长痘没有必然的联系。

4. 错。没有证据证明吃巧克力能引起头痛或周期性偏头痛。如果你在狂吃一大堆奶酪和红葡萄酒以后，再狼吞虎咽地大嚼巧克力，你不头痛才怪呢！

5. 对。巧克力是使你发胖的高热量食品，但是别灰心，我有个好办法可以避免发胖。高质量巧克力（含有50%的可可固体物质）比你家附近糖果店卖的普通巧克力脂肪少。因为你要走更远的路去找卖高质

量巧克力的商店，你走路消耗了许多热量，所以你看看，好的巧克力还是保证你健康的重要因素呢！

6. 对。就像营养物质和维生素那样，巧克力是对健康有益的食品。去问一问美国宇航局的科学家，他们花了多少钱用于研究巧克力，并最终得出巧克力是理想的高能量营养食品的结论。

15

7. 对。这样，在老师没收你的巧克力时，你就有了最好的理由。英国科学家在1997年发现，小学生中有1/4的女孩从饮食中摄取的铁元素不足，导致她们精神不集中。怎么办？吃巧克力！（当然，她们还要注意吃其他补铁的食物，像羊肝、全麦面包和绿色蔬菜等。）

放在冷处还是热处？

假设你喜欢巧克力（当然你正在读这本书），用什么办法保存它们好呢？这里有几个可行的办法：

记住，选择安全存放巧克力的关键因素是温度。巧克力对温度的反应十分敏感，既不喜欢太热，也不喜欢太凉——像神话故事里的"金发姑娘"那样，就喜欢"正好"的温度。下面你可以看到巧克力是如何随着温度的变化而变化的。

在低温的地方放置一段时间（在12.5℃以下），然后很快拿到正常室温里，巧克力表面就开始出"汗"。

如果温度太高（在29.5℃以上），巧克力就可能开花。这并不是说巧克力变成了郁金香，而是说巧克力表面会产生一层白膜，这是因为里面的可可脂跑到表面上来了。

如果温度接着升高（在34℃以上），巧克力就溶化了。

在高温下（105℃以上），巧克力开始燃烧。

小口吃还是大口吞？

在这一章里，我们只是刚刚打开巧克力的包装，知道它有点苦，知道它是什么，从哪儿来，怎么制造出来的，对我们有什么好处，还有怎么保存它。当然，你还忘了一件事，你肯定也在想，更重要的就是如何吃掉它。

有很多吃巧克力的方式。你可以彬彬有礼地小口咀嚼，或把一大块放到嘴里，还可以狼吞虎咽在几秒钟内吃掉它。另外，你

17

还可以试试食用和烹调巧克力的新方法。当然，制作巧克力蛋糕或巧克力布丁只是众多方式中的一两种。这本书中，我们为你从全世界查找了一些有用的资料，你可能会觉得太不可思议了。

奇异配方：巧克力意大利面条

本来这道菜的原始配方一直处于保密状态，但一位厨师把它推荐给我们。

烹调原料：

　　12克人造奶油

　　2茶匙砂糖

　　2茶匙可可

　　香草香精

　　100克意大利面条

方法：

1. 在锅里放1升的白水，1小勺盐，煮开。

2. 在水里放入意大利面条，让它变软。不要煮的时间太长，否则面条会粘成一团。

3. 用漏勺把面条捞出来，再过一下水。

4. 在平锅里加入准备好的配料，加热并拌匀。

5. 把煮过的面条放入平锅，用力搅拌，直到面条都均匀地被巧克力酱覆盖。

6. 把面条晾凉，用叉子把面条慢慢送入口中。

巧克力发展史之一

热巧克力

600年—1600年：空谈的年代

600年　玛雅印第安人在中美洲首先建立了可可树种植园。可可的秘密已经在那里保守了好几百年。

1000年　玛雅人把可可豆作为计数的工具，还拿可可豆当钱用。

1200年　巧克力战争。墨西哥印第安阿兹泰克人征服了玛雅人，并强迫玛雅人用可可豆向他们纳税。

1502年　哥伦布把可可豆带回欧洲。西班牙国王被这种新玩意儿所吸引，使劲用鼻子闻这些可可豆的香味。

1513年　据西班牙人记载，国王曾用100颗可可豆从墨西哥换回一个奴隶。

1519年　西班牙冒险家荷尔南·高铁到达墨西哥，有生以来第一次喝到阿兹泰克人制作的起泡巧克力。

1528年　高铁把可可豆和制作巧克力饮料的配方一起带回欧洲。

1528年—17世纪50年代　狡猾的西班牙人把巧克力的配方保密了一个多世纪。

上帝的饮料

巧克力是只有上帝才能创造出来的高贵的发明!

帕里斯1684年

你以前听说过吗？块状巧克力曾被称为阿兹泰克。这个名字是由吉百利命名的，可是到1978年就不再用了，因为这个名字的产品卖不出去。到了1999年，吉百利公司又推出了"阿兹泰克2000"款的块状巧克力，表示没有忘记阿兹泰克这个名字。可能很少有人知道，正是阿兹泰克人把巧克力带给世界，促进了人类文明的发展。

阿兹泰克人对巧克力的发明作出了非常重要的贡献，但阿兹泰克人并不是最早把坚果加工成巧克力的人。实际上，阿兹泰克人是从玛雅人部落购买可可豆的。在此之前，玛雅人在中美洲种植可可豆的历史已有几百年了。

玛雅人不仅用可可豆制造巧克力，还用它来计数。在早期的墨西哥壁画上，装有8000颗可可豆的篮子就表示8000。玛雅人可能就是这样上数学课的。

巧克力货币

如果说玛雅人非常迷恋可可豆，那么阿兹泰克人对可可豆表现出的则是疯狂。当阿兹泰克人征服了玛雅人后，他们强迫玛雅人用可可豆向他们纳税，所以至今我们还保留着一句这样的俗语——"我身无分文。"玛雅人可能常常用这句话来应对阿兹泰克人。

实际上，可可豆在阿兹泰克人眼里非常值钱，甚至可以当货币使用。如果你拥有一口袋可可豆，就可以买很多东西。例如：

南瓜
4粒豆

兔子
10粒豆

一个奴隶
100粒豆

如果你希望妈妈或爸爸给你买一辆自行车、CD机或电子游戏机，他们通常会以很传统的方式拒绝你——树上又不长钱。但现在有了可可树，情况就不同了，你要感谢阿兹泰克人，让你终于有了合理的说辞。

心脏和巧克力

阿兹泰克人把可可豆当金子一样对待。如果一条狗身上的花纹呈现可可豆那样的斑点，那这只狗就会备受宠爱，因为它象征着好收成。

可可豆斑点狗——好运的征兆

钻石斑点狗——毫无用处

所有事情都可能与可可豆相关。可可豆不仅能当钱用，还可作为小孩的生日礼物或用来祭奠神灵。阿兹泰克人信奉很多神，而且他们喜欢杀戮。他们认为神最渴望的就是（在可可树旁）用人祭神。

（如果你是很敏感的人，可以把这段粗略地浏览过去。）

阿兹泰克人相信，如果每天没有牺牲一些穷人去祭奠神，那么下面这些灾难就会降临……

1. 第二天太阳不会升起。

2. 他们赖以生存的食物——玉米就停止生长。

3. 世界的末日就会到来。

面对毁灭，你会怎么办？你会祈祷阿兹泰克的神停止杀戮，是吧？这些阿兹泰克人通常用敌对部落的人头来祭奠神。斋日是阿兹泰克人快乐的日子，会有成千的人被杀，那些被杀的人的心脏还在跳动就被阿兹泰克人取出来祭神。

神奇的泡沫

接下来，我们再看看巧克力。你可以想象，一大群阿兹泰克人像我们今天一样，围在一起大嚼块状巧克力——起码他们在祭神以后会这么做。事实上，阿兹泰克人享受的巧克力是液体巧克力。又过了700年以后，固体巧克力才被发明出来。

阿兹泰克人喝的巧克力与我们今天喝的热巧克力不太一样。阿兹泰克人称之为"食可托",意思是苦的水。有一种传说,当可可豆放在大锅里煮的时候要用力搅动,而锅里煮的水冒泡会发出"巧克""巧克"的声音,人们就给这种液体取名叫巧克力。还有一个传说是阿兹泰克人微笑着邀请人进餐的时候,发音近似"巧克"。巧克力因此而得名。前面一个传说似乎更可信。另外一种说法是,阿兹泰克文字中"巧克"是热的意思。

食可托是冷着喝的饮料,但有点辣味。那是因为它怪异的配方——比如放了辣椒!

食可托是一种淡红色、表面漂浮着许多泡沫的饮料。不用问,你肯定已经准备尝一尝,这个配方——是从一位不知名的西班牙士兵那里得到的。

怪异配方：阿兹泰克泡沫巧克力——带后劲的饮料

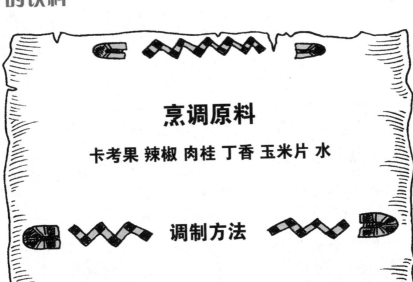

烹调原料

卡考果 辣椒 肉桂 丁香 玉米片 水

调制方法

1. 把这些可可豆研磨成粉，把其他原料也磨碎，放在盆里。

2. 然后，他们（阿兹泰克人）把水倒入盆中，用勺搅拌。充分搅拌以后，把这些东西从一个盆里倒入另一个盆里，这样就会产生很多泡沫。他们把泡沫盛在碗里备用。

3. 想喝的时候，再加入几小勺金粉、银粉或木粉。喝时一定要张大嘴，因为那些泡沫很占地方，要一口一口地吞下去。这是一种健康饮料，而且比你喝过的任何饮料都棒。不管是谁，只要喝上一杯，就可以一整天不吃饭。

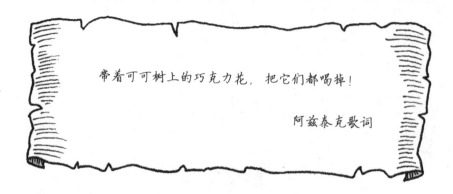

带着可可树上的巧克力花，把它们都喝掉！

阿兹泰克歌词

巧克力的征服者——西班牙人入侵

你可能知道，是哥伦布发现了美洲新大陆。但你知道吗？哥伦布还是第一个发现巧克力的欧洲人。遗憾的是，这位伟大的发现者在看见巧克力的时候，并不知道这是个好东西。他没有赶紧回家建造一个属于自己的巧克力工厂，而是把珍贵的可可豆呈献给了西班牙国王。而国王当时根本就没把那些可可豆当回事儿。

1502年，哥伦布第四次出海远航。8月16日，快到一个名叫关拿佳的岛屿时，哥伦布派一个搜索队上了岸。搜索队很快扣住一艘玛雅商船。一群脖子上套着绳子的奴隶划着这艘船，船舱里不仅有棉花、布料和当作武器的棍棒，还有更多的珍贵东西。哥伦布的次子费尔迪南德这样描述：

……这些像杏仁一样的东西在墨西哥能当钱用。他们似乎把这些东西看得很贵重，把它们和其他商品一起带到船上。据我观察，要是有一粒这种东西掉到地上，他们就赶紧弯腰捡起来，简直像自己的眼珠掉到地上一样。

费尔迪南德不知道这些"杏仁一样的东西"就是可可豆，你还记得吗？就是做巧克力的原料。难怪玛雅人要弯腰捡起掉在地上的可可豆。换了谁都一样！

可怜的哥伦布4年以后去世了，直到死他也不曾尝过巧克力的美味，而是把这个谜留给了后来的探险者去探索和发现。

聪明的高铁

把巧克力引入欧洲的另一个人是西班牙人荷尔南·高铁，那是在哥伦布发现巧克力之后的20年。荷尔南·高铁是一个到墨西哥寻找金银财宝的西班牙入侵者。当他从古巴航海回来的时候，还不知道带回的巧克力就是无价之宝。

我真不知道这东西有这么珍贵，荷尔南先生！

1519年，高铁带着550个人、16匹马和几架大炮来到岛上。他是怎样用这么少的装备就征服了岛上的阿兹泰克国王呢？这段历史直到今天还是一个谜。是运气、迷信，还是别的什么？如果我们能偷看一下高铁的秘密日记，就能知道关于他的全部故事了。

巧克力士兵的日记

1519年4月21日，我们来到一个被当地人叫作墨西哥的岛上。岛上的土著人看到我们都害怕得要命。他们在此之前从没有见过白种人，看我们的马就像看一个长着四条腿的高大怪物。当然，他们更没见过大炮喷气开火。我告诉他们，这些武器会要他们的命！征服这个国家的任务很快就完成了！

轰！

4月22日，从阿兹泰克国王芒特祖马那里传来消息说，让我们带走金银财宝。如果他认为这样就可以收买我们，让我们回家，那他就是个十足的大傻瓜。这些闪闪发光的金子只能让我更加坚定占有这个岛屿财富的信念。

谣传说，国王是一个吃自己子民心脏的神。我已经下令把我们乘坐的船烧掉，这样我手下那些胆小鬼们就跑不回去了。（实际上，我把船的金属骨架埋起来，以后我们需要的时候还可以挖出来重造新船，你认为我还不算傻，是不是？）

29

11月7日，最后到达檀诺齐特兰，阿兹泰克的首都。我们能看见这个湖泊小岛上城堡的城墙和庙宇。我们把大炮卸下来，毛瑟枪装上火药。我盼望着明天有一场大战。

11月8日，啊哈！阿兹泰克国王芒特祖马不仅没有与我们交战，还热烈欢迎我们的到来。一顿丰盛的宴会让我们感受到征服者的荣耀。宴会上有野鸭、火鸡和兔子。国王用纯金的高脚酒杯为我们斟满一种从可可中提炼的东西制成的饮料，饮料有点苦（他们说国王在召见他的妻子之前要喝这种饮料）。我看见一个装着充满泡沫的饮料的大罐子。阿兹泰克人高度评价这种饮料，而且只给我们的战士和尊贵的客人提供了这种饮料（妇女不允许喝）。

国王芒特祖马表现出对我们的恐惧和敬畏。这正是我们所期望的！

巧克力神

高铁可能猜到了为什么会受到国王的欢迎。高铁在墨西哥旅行时，得到一位叫多娜·玛瑞娜的女人的帮助，从她那儿听到过古代阿兹泰克人关于神的传说。盖兹阿考特是一个长着羽毛的大蛇神，它可以做许多很神奇的事，像钻到石头里呼吸生存等。在人们的眼里，它也是阿兹泰克人的王者。他们认为是盖兹阿考特把可可树的种子带到地球上来。因此阿兹泰克人把它视为巧克力神。

很久以前，盖兹阿考特离开了它的人民，并答应将来某一天还会回来。人们预计它回来的时间是1519年，正好那一年高铁带着马匹和武器出现了。可怜的国王芒特祖马把狡猾的西班牙入侵者误认为是阿兹泰克人的神回来了（不必见怪，谁都难免会犯错误）。

当国王芒特祖马明白这只不过是个误会的时候，已经太晚了。高铁以怨报德，把国王作为人质抓了起来。又过了几个月，狡猾的高铁和他的小股军队控制了这座城市，接管了国王个人的仓库，包括96亿多颗可可豆（国王的卫兵每年就要喝掉2000罐发泡巧克力）。

1520年5月，阿兹泰克人爆发了一场反抗西班牙入侵者的战争，高铁和他的军队被赶出了城市，国王在对抗中被神秘地杀害了。一年多以后，高铁带着更强大的军队卷土重来，激战75天以后又一次占领了这座城市。这场战斗结束了阿兹泰克国王的统治，同时也开始了巧克力在世界传播的历程。

作为墨西哥统治者的高铁在最初看到可可豆时就已经意识到了它的潜在价值。 他忘不了在国王餐桌上品尝过的苦味饮料，并且制造了对巧克力的巨大需求。

高铁出了名，因为他把巧克力带到西班牙，然后又把它推向了全世界。 虽然这段历史无从考证， 但巧克力确实是16世纪30年代进入西班牙的，随着一起进入西班牙的还有鳄梨、西红柿、香草和火鸡。当然，西班牙国王查理五世没有花更多时间去过问坚果是如何变成巧克力的。

喝一杯珍贵的饮料，能够行走一整天都不需要补充能量。

美味还是低级饮料?

16世纪， 尽管不是所有欧洲人都排着队为巧克力唱赞歌，但那些有机会接触过巧克力的人还是被它的美味吸引了。

也有人认为它简直就像猪食，根本不像传说的那么美

喝一杯神奇的饮料，能够增强抵抗力并消除疲劳。

味。当时没有人能预料到它会风靡全球。可是关于这个深色豆豆的实验已经开始。巧克力一进入西班牙人的庭院，它就被赋予了新的味道。不仅仅是饮用冷的带泡沫的巧克力，西班牙人还喜欢喝热的巧克力。他们在巧克力饮料里加辣椒，这样喝到嘴里有点辣味。他们还在巧克力饮料里加糖，使味道变得更甜。在巧克力

变成我们今天吃的入口即化的美食之前，还有许多其他的东西被加到巧克力饮料里。

这饮料更像给猪喝的。

基罗罗摩·本祖尼，意大利历史学家和探险家。

这个饮料令那些不习惯的人讨厌，因为饮料上面净是沫子，像泡泡一样的沫子。

约瑟·德阿考斯塔，耶稣会会员。

实在不重要的东西

你以前知道吗？

1. 可可树是一种开花的树，开白色的小花，种子的荚直接从树干上长出来，而不像很多其他树那样从叶子中间长出来。

2. 巧克力真是非凡。可可树的学名——意思是"上帝的食物"。

3. 白巧克力比牛奶巧克力含有更多的糖。

哎，把我的食物留下吧！

4. 10个英国人里有9个人经常吃巧克力。

5. 可可树能长到10~13米高，但人们通常都把它修剪到只有7米，使人们更容易摘取可可豆荚。

6. 每棵可可树大约能长出20个豆荚，每个豆荚里大约有400—800粒豆。

7. 猴子、麻雀和啄木鸟都是巧克力的天敌。它们吃可可豆荚，或毁坏植物的嫩芽。

8. 另一方面，小飞虫是巧克力的好朋友。它们给可可花授粉。

9. 制造巧克力的副产品可用于制造很多东西，像口红、烹调油、肥皂和肥料。

10. 玛雅人特别喜欢巧克力，他们用巧克力给刚出生的婴儿洗礼。

我为这个孩子取名为美尔泰瑟·天河。

巧克力发展史之二

巧克力风靡欧洲

1560年—1800年：走向世界的年代

1569年 最激烈的争论——巧克力是食物还是饮料？教皇庇护五世宣布在天主教大斋期必须禁食巧克力。

1655年 英国占领了牙买加，开始了对其殖民地附属国可可豆原料的掠夺。

1657年 第一个巧克力屋在伦敦开业（由一个法国人经营），但只有有钱人才喝得起巧克力。

1660年 法国的路易十四和西班牙的玛丽亚·伊瑞莎公主结婚，玛丽亚·伊瑞莎的陪嫁品中就有可可豆。不久喝巧克力的风尚风靡法国宫廷。

1674年 最早的固体巧克力在伦敦一家咖啡馆中出现，是"西班牙风味"的巧克力蛋糕和面包。

35

1685年　英国的绅士们早餐喝热巧克力，巧克力被推崇为健康食品。

1697年　苏黎世市长在布鲁塞尔喝过巧克力后，兴奋地把这个消息带回瑞士。

18世纪　奴隶贸易盛行。一个可可种植工人还不如一粒可可豆值钱。

1720年　意大利的巧克力食客享誉欧洲，并到法国、德国和瑞士参观。

1765年　美国人开始对巧克力着迷。第一个巧克力工厂在美国的马萨诸塞州建立了。

1791年　拿破仑只要在伦敦，就要品尝巧克力。

1810年　南美洲委内瑞拉的可可总产量占据了全世界总产量的一半，其中1/3都被喜欢甜品的西班牙人消耗掉了。

在阿兹泰克帝国，巧克力是为国王和戴着羽毛头饰的胜利者们准备的饮料。巧克力传到欧洲的时候，大致没有什么改变。

当时只有上流社会的权贵们才有机会品尝这种美味饮料。直到19世纪大革命以后，人们爱戴的吉百利兄弟开始大批量生产巧克力，穷人才有机会喝上它。

17—18世纪，巧克力征服了欧洲。巧克力在西班牙流行了一个世纪。被西班牙人保守多年的巧克力秘密泄露后，巧克力的名声迅速传遍法国、意大利、英国，甚至传到美国。

守口如瓶的西班牙人

西班牙人把巧克力的秘密保守了近100年。1579年，英国海盗截获一艘西班牙商船，得到一船可可豆。但他们认为船上除了羊粪蛋，什么也没有，他们烧掉了整船的可可豆。

这些豆豆闻起来并不像羊粪蛋。

　　与此同时，西班牙人不断地改进了巧克力饮料的配方。他们往巧克力里添加各种各样的配料：糖、香草、肉桂、杏仁和榛子，配制成更适合饮用的带点苦味的饮料。西班牙有钱人要求他们的用人花费半个小时来烹制热巧克力，以达到最佳状态。当然，美味还不是巧克力魅力的全部，当你不得不为饮用巧克力而耐心等待时，还有什么比盼望更美妙呢？经历了漫长的演变，巧克力才发展成今天这个样子。我们可以随意地打开一罐热巧克力，再加进一些热牛奶。

啊！美味的巧克力
为了你，人们顶礼膜拜
为了你，人们虔诚祈祷
人们忘情痛饮
你令人飘飘欲仙

西班牙的巧克力赞歌

　　真是奇怪，西班牙人喝巧克力竟还需要理由！他们嫌尝起来味道鲜美这个理由还不够充分，他们必须要证明巧克力有益健康。于是，巧克力被作为一种药来宣传，说它能够产生令人意想不到的好处。许多医生认为巧克力益于健康、能够保持体力，还能帮助消化。虽然这些都不能得到证实或被否定，但是它的确给了人们一个非常好的理由去享受这种美味。

我来评论评论巧克力吧，我相信我的健康归功于它……牢记我是西班牙人，享用巧克力几乎是我唯一的乐事。

玛丽·德·威廉斯
法国大使的妻子，1680年

灵活的杯子和稳固的茶碟

在宫廷里喝巧克力可是另一番情景。要知道那是一个男人戴着假发、女人涂满厚粉、随处都是宫廷礼仪的时代。在进行风趣幽默的会谈时，抿一小口美味的巧克力，与在恰当的时间鞠躬或行屈膝礼一样都是非常讲究的礼仪技巧。起初，贵族们都用一种叫作"吉卡瑞"的小碗喝巧克力，然而，一个小小的偶发事件改变了人们的习惯。

珀若总督马库斯·德·曼瑟瑞，曾目睹过一位女士将一碗巧克力从上至下洒在礼服上，那简直太可怕了。为了避免如此糟糕的事再发生，他发明了一种盛巧克力的新工具。曼瑟瑞设计了一种新式的杯子和茶碟！他用一个中间带环的茶碟牢牢托住杯子。他谦虚地根据自己的名字将其新发明命名为"曼瑟瑞纳"，不久他的发明传遍了整个欧洲。

用新发明的"曼瑟瑞纳"来告别巧克力带来的种种尴尬吧！

关于巧克力的重要争论

即使装备了"曼瑟瑞纳"，你尽情享用巧克力时还存在一个障碍。巧克力的逐渐流行引起了教会的注意。他们提出一个棘手的问题——巧克力是食品还是饮料？这在固体巧克力还没有发明以前的确是一个古怪的问题。

但是批评者提出，像鸡蛋、面包屑等各种物质已经被添加到饮用的巧克力之中，既然巧克力能提供足够的能量让人们摆脱饥饿，难道它还不是食品吗？

谁会关心这样的问题呢？哦，是天主教会。因为如果巧克力属于食品，它就应该在复活节前为期40天的大斋期内被禁止食用。

由于几乎每一个西班牙人都是天主教徒，这个争论一时成为热门的话题。1569年，教皇庇护五世小心地饮用了一杯巧克力，全世界的人们都屏住呼吸看他会说些什么。

幸好教皇认为它非常恶心，他断定没有人会想喝这么难闻的东西。然而这并没有满足那些教会学者们的心愿，200多年来，这个问题被反复地争论却迟迟没有结果。

因巧克力而死

不论巧克力是食品还是饮料，它很快又流行起来，不是因为味道鲜美，而是出于一个更可怕的原因。谋杀者发现巧克力是一种理想的饮品，他们可以悄悄地在里面投毒。巧克力诱人的味道让受害者很难发觉其中有点苦味的毒药，而一旦被人饮用，那一切都太晚了。由于这个发现，巧克力被查明与一系列的谋杀案有关。

1. 被做手脚的贵族

路易十三王朝的一名贵族非常喜爱巧克力。但当他抛弃了一名具有贵族血统的情妇后，这个情妇设计了一个体面的复仇计划。她邀请那贵族到她家里，给了他一杯已悄悄放入致命毒药的巧克力。贵族将这杯巧克力一饮而尽，药性发作。临死前，这名贵族居然还对女人笑着说：

如果你多放点儿糖，巧克力的味道会更好些；可惜毒药让它有点发苦……唉！

2. 巧克力与查理二世

传说英王查理二世（1660—1689）也是一名因巧克力而丧命的受害者。人们说他的情人，那位诡计多端的公爵夫人，用有毒的巧克力害死了他。

这个戏剧性的故事，也可能纯属胡编乱造。据说查理二世很可能是死于肾病——尽管他没有那么优秀，但也不可能把埃及木乃伊的灰尘吸入身体。正统的查理皇室成员还是认为，他们至少应该从先人那里吸取教训。

活该！

3. 中毒的教皇

死于1774年的教皇克雷芒十四世被怀疑是谋杀。豪瑞斯·曼恩先生在一封信中写道："谋杀教皇的手段已经被最可靠的证据所证实。"很明显，教皇的手指甲已经脱落：这是一个无可置疑的中毒迹象，因为食物中混进了毒药。

据曼恩先生称，教皇的甜点师傅在神不知鬼不觉中将毒药放进了教皇的"巧克力美食"。

甜点师傅们乞求教皇开恩。

4. 危险的侯爵

德·塞德侯爵是欧洲历史上最邪恶的恶棍，可又是最狂热的巧克力爱好者。英语中"虐待狂"一词就源于德·塞德的名字。他1740年出生于巴黎，由于大部分时间在监狱里度过，所以有充足的时间写小说。他写的残暴小说曾激起过整个欧洲的愤怒。

疯狂的侯爵是个巧克力迷。他贪婪地吞食这种甜品，在狱中还曾经写信向妻子索要黑得像烧焦了一样的巧克力蛋糕。他还要过巧克力奶糖、巧克力锭和巧克力饼干等。

我能从这儿出去吗？

只要你还吃这东西，就永远别想了！德·塞德！

被巧克力填充的侯爵胖得像头骄傲的猪，到过他家和他一样贪吃的家伙们都遭殃了！

德·塞德制造了非常可怕的蛋糕！

据说，诡计多端的德·塞德曾经举办过一场舞会，并在甜品中提供巧克力片。巧克力做得十分可口，很快被客人们狼吞虎咽地吃光，谁会怀疑这里面加入了大量的毒药？舞会后，客人都病倒了，许多人因此而死亡。

没有其他要求了？

一套运动装置。

当然，德·塞德被通缉，但他逃到了塞地纳。国王将他逮捕归案后，把他关进城堡监狱。回到法国，议会判处他死刑。出人意料的是，德·塞德竟然逃跑了，没能被执行绞刑。但这并不能阻止法国当局的决心，他们把德·塞德的模型送上了绞刑架。

5. 禁止巧克力的主教

巧克力不止一次惹恼了17世纪的教会。墨西哥查帕主教发现他的大教堂礼拜仪式正在被巧克力所干扰。那些贵妇们对巧克力上瘾，不喝两杯喜爱的巧克力饮料，就不能坚持完成一场礼拜仪式（她们声称胃太虚弱，羔羊般虚弱）。这意味着主教讲道的时候，经常被进进出出的女仆们所打扰，因为她们要为女主人捧上热气腾腾的巧克力饮料。

无疑，主教愤怒了。他在教堂门口贴了一个告示，宣称任何人再在礼拜仪式上吃喝将被逐出教会。

这次轮到夫人们生气了。许多人不顾主教的威胁，依然在教堂中享用她们的美味。终于有一天，冲突爆发了，出鞘的刀剑指向了那些胆敢没收珍贵巧克力的教士们。

这场战争反反复复，直到夫人们使出了最后的撒手锏才得以结束。既不愿意离开教会，又舍不得巧克力的夫人们，最终发现了一个解决问题的简单办法——给主教下毒！这个肮脏的行为是通过一杯巧克力来实施的。传说一位女士指使主教的侍从将毒药放进主教的杯子。下毒者后来声称，主教如此反对巧克力，或许是因为他的身体不能适应巧克力。一个谚语很快在这个国家流传开来："小心查帕的巧克力！"

被做手脚的贵族、中毒的客人、倒地的主教——整个17世纪被谋杀案弄得风声鹤唳。如果下次你听到有人说……

我被巧克力害死了!

小心——这也许是真的!

吃点什么甜点?

别咬这些巧克力!

现在你知道里面藏的是什么了吧!

精彩的细节

1. 早上九十点钟，悠闲地享用面包与巧克力或者咖啡成了17世纪英国早餐的主流，腌肉和鸡蛋不再受人青睐。

2. 1701年，西班牙港口加的斯，巧克力成为夹带走私黄金的目标。港口官员发现有8箱巧克力出奇地重，后来证实，金条上被涂了一层薄薄的巧克力。

3. 1807年，拿破仑占领了但泽湾。他封当地的统治者为公爵，并把伪装成巧克力糖的10万金币赏赐给他。

4. 1764年，普鲁士国王佛里德瑞克委派一名科学家，试图从椴树叶里提取巧克力。事实证明这种想法根本无法实现。

5. 奥地利王子戴特理希斯丹在维也纳邂逅了他未来的妻子。她是当地的一名服务员，在餐馆里服侍他享用了一杯美味的巧克力。这位"巧克力女郎"的画像至今依然能够在美国的巧克力面包店看到。

6. 18世纪，巧克力被认为能够净化血液、改善睡眠、帮助妇女分娩。其实有点儿言过其实。

时髦的法国

> 他们参加巧克力聚会，每一个茶碟和上面的茶杯都用黄金来装饰……这里有冰巧克力、热巧克力、添加了牛奶或鸡蛋的巧克力，每个人享用时都会配以饼干或小圆甜面包。
>
> 法国作家 德·奥奴夫人

47

西班牙人再也不能保守巧克力的秘密了。没有人确切地知道这个好消息是如何传遍法国的，但可以肯定的是，在1660年路易十四和西班牙公主玛丽亚·伊瑞莎结婚之前这个秘密就传到了法国。

玛丽亚带来了为她特供的巧克力，还有一个专门为她准备巧克力饮料的女仆。法国宫廷称这位女仆为"拉·毛利娜"。公主玛丽亚曾经宣称："巧克力和国王是唯一引发我激情的东西。"

注意：在这里巧克力高居第一位，而可怜的国王被排在第二位！

最初，玛丽亚只是偷偷地喝巧克力，但在不到10年的时间里，这种饮料就风靡了整个法国宫廷。当时，路易十四王朝的凡尔赛宫代表整个欧洲的辉煌。国王在宫廷里的每一顿饭都有1万名贵族和仆人侍立左右。法国引领着欧洲的时尚，因此喝还是不喝巧克力，都参照法国。下面这位法国贵族德·塞维嘉夫人的信，就反映了这种时尚的流行和改变是如此之快。

1671年2月11日 写给女儿的信

如果你不舒服，巧克力会令你精力充沛如初，除非你没有煮巧克力的锅。我曾在梦中千百次呼唤巧克力，你呢？

（两个月以后）4月15日

巧克力不再像原先一样，曾将我引入歧途。以前每个说它好的人，现在都说它不好，它遭到诅咒和谴责。因为它引发了人的疾病……我以上帝的名义告诫你，不要再吃了。

10月25日

玛奎斯德塞特隆歌在怀孕期间喝了如此多的巧克力，以致她生下了一个和魔鬼一样黑的男孩，结果还是死了。

（三天后）*10月28日*

我一直通过巧克力来调整自己的情绪，前天喝巧克力来帮助消化，昨天喝巧克力滋养自己，到晚上就睡得很香。它调节了我的情绪，我喜欢它。

疯狂的英国人

英国人怎么了？上次见到他们时，他们还在焚烧像羊粪蛋一样的可可豆。但是在1657年，当一个广告出现在公共广告牌上之后，英国人似乎是见到了巧克力就像见到了光明。

广 告

巧克力是一种非常美味的饮料，在皇后巷附近的比绍普盖特街有售……一位法国商人把它首次引入英国，你或许应该尝尝，价格合理，有益健康，就算你并不富有，也一样可以消费得起。

这个巨大的广告（揭示了西班牙人的想法，巧克力有益健康）让英国人开始对巧克力狂热起来。

在法国，巧克力是国王和大臣们的饮品。但是在英格兰，只要口袋里有钱的人都能喝得到。巧克力和小餐馆很快风靡了整个伦敦。这就是小餐馆热的开始！这种小餐馆和我们今天所见到的不一样。它酒水单中的饮料包括了咖啡、茶、巧克力以及果汁和库克啤酒——一种会发现煮熟的小鸡在游泳的啤酒。

伦敦的巧克力屋很快成为绅士们经常喜欢光顾的休闲场所。一些流行的餐馆，像怀特餐馆、詹姆斯餐馆和斯密纳餐馆等都扎堆在一起，美味的巧克力在这里大行其道。在餐馆里面，贵族和商人们喝巧克力、闲聊、赌博。在怀特餐馆，你还可以买票看演出。你会看到牛豹相争和纵犬斗熊。这种残酷运动的乐趣在于猜中哪一个动物会首先击倒对方。

查理二世国王极力想扼杀小餐馆闲聊的现象。他担心那里会成为政治动乱的温床。当时两个最大的政党是保守党和自由党——虽然有时很难将他们区分开来。

戴假发的保守党。

戴假发的自由党。

保守党是忠诚的保皇主义者，而自由党却不支持国王。查理二世愚蠢地认为如果能制止人们在巧克力屋、咖啡屋里闲聊，皇位就会更加安全。他在1675年通过的法律中规定：

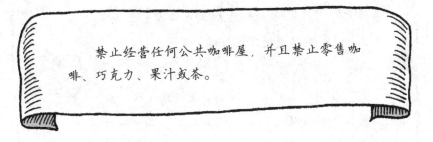

禁止经营任何公共咖啡屋，并且禁止零售咖啡、巧克力、果汁或茶。

这条禁令真的能使那些巧克力屋关门大吉吗？不可能！英国人不会因为一个查理二世而放弃他们钟爱的咖啡或巧克力，即便他是国王！人们像往常一样我行我素，查理二世的法律完全被抛到脑后。

51

一个巧克力爱好者的日记

非常幸运，那个时代著名的巧克力爱好者萨缪·派派斯保留了一本详尽的日记。它非常有名，因为：

a) 它给我们提供了一幅17世纪有关英国的精美画卷。

b) 阐述了派派斯眼中的人间百态。

下面一些片段，展示了派派斯为巧克力作出的贡献：

萨缪·派派斯日记

1660年，当我到家的时候，发现了一块留给我的巧克力，但是我并不知道是谁留下的。

1661年4月24日，（遵循查理二世的教导）前一天晚上喝了一些酒，早晨醒来的时候，我的头非常的不舒服。因此起床后和克瑞德先生去喝上午茶，他为我要了一杯巧克力。

1664年2月26日，起来后穿好骑士服，我乘船去威斯特敏斯特的克瑞德那里，喝了一些巧克力后开始赛马。

1664年5月3日，起床后做好准备，去见布兰德先生。在那里，大口喝着上等巧克力饮料，美妙感觉令人意犹未尽，派人回家再取一些巧克力。

差不多一个世纪以后，派派斯曾经到过的怀特餐馆和詹姆斯餐馆依然存在。但那时这所房子已经成为赌博的场所，去那里的顾客囊括了三教九流。

那些外表非常体面的失踪的船长们、骗子们，甚至拦路抢劫的强盗，曾经常在这个巧克力屋出没。法官们在这儿遇见某个今后在审判席上被判刑的人，都是非常寻常的事。在伦敦的郊外发现了一具锁在链子上的尸体，有人几星期之前还在怀特餐馆的可可树旁见过他，当时人们就认为他是个危险分子（纸牌游戏中的"老千"）。

《伦敦娱乐周刊》

怀特餐馆的游戏室被称为地狱。客人们会为任何事一掷千金地打赌。这里有两个真实的传说，你会看到，无聊的贵族们在怀特的房间里什么都干得出来。

一个雨天，在怀特餐馆

　　17世纪英国的贵族们为什么喝巧克力？并不是因为靠复杂的西班牙食谱打发时间，而是他们需要巧克力，狂热地需要它！我来把那个时代的巧克力食谱介绍给你听听……

　　　拿一块巧克力蛋糕，在一个研钵中使劲捣碎，把它磨成细末。在里面加入糖，把它倒入一个有沸水的小锅里。然后，把锅从火上端下来，加一些牛奶；即使不加牛奶，也必须不停地将这些混合物反复从一个锅倒入另一个锅（大约20次）。这样还不算完，最后，还要从锅里面将泡沫撒出来，这样做出的食品会使你陶醉。

为巧克力献身的奴隶们

当英国贵族们沉迷于巧克力的时候，谁会想到那些为他们提供可可豆的奴隶们的生活呢？工人——通常是非洲的奴隶——被送到西印度群岛，而那只是英国、西非和加勒比海三角贸易区的一部分。

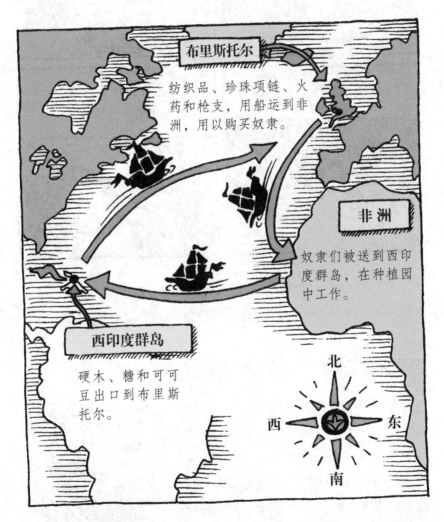

布里斯托尔

纺织品、珍珠项链、火药和枪支，用船运到非洲，用以购买奴隶。

非洲

奴隶们被送到西印度群岛，在种植园中工作。

西印度群岛

硬木、糖和可可豆出口到布里斯托尔。

北
西 东
南

这种三角贸易使许多奴隶贩子暴富，但是奴隶们却是贫困而短命的，他们在可可种植园过着地狱般的生活。

到西印度群岛或美国的航程要花6~9个星期,许许多多的奴隶惨死在这条路上。

奴隶们在种植园拼命干活,却一无所有。

通常一天工作18—20个小时。

在"挥舞"的鞭子的驱使下,奴隶们拼命劳作。

直到1833年,奴隶制在英国及其殖民地才被废除。但是已经太晚了,种植园里已有成千上万的奴隶死于疾病和超负荷的劳动。

奇特的菜谱——墨西哥魔力鸡

好玩吗?墨西哥鼹鼠并不一定是指那种生活在地下的可爱的、黑黝黝的小动物,也可以指一种辣巧克力酱,据说是由墨西哥修女撒塔·露丝发明的。阿兹泰克人喜欢把巧克力酱抹在他们的食物上面。当然,这一切也都是为了阿兹泰克国王芒特祖马……

那是一种解脱!

烹调材料：

    鸡胸脯

    大蒜

    1个大小适中的洋葱头，切成片

    将小玉米饼切成条

    30克葡萄干

    30克去皮的杏仁

    1茶匙芝麻籽

    2茶匙橄榄油

    7茶匙咖喱辣椒粉

    1/4茶匙的小茴香籽、丁香、桂皮、香菜籽、茴芹、糖

    25克未加糖的巧克力

    700毫升的鸡汤

    250克西红柿

方法：

    1. 在热油中将鸡肉炸至金黄色，待用。

    2. 将上述几种原料混合均匀搅拌成酱。

    3. 加上辣椒粉等作料，混上巧克力。

    4. 在煎锅里加热橄榄油，倒入这种酱，不停地搅拌大约5分钟。

    5. 加入鸡肉。盖上盖用小火煨约30分钟直到肉熟。

    6. 邀请你的朋友到你家吃晚餐，当你宣布他们正在吃"鼹鼠"时，观察各位的表情。

整个17—18世纪，巧克力一直被作为一种难以消化的、高脂肪的饮料。虽然巧克力蛋糕和面包在表面上抹了一层巧克力，但当时人们做梦也没有想到，能够将这种甜甜的东西做成固体的、一块一块的巧克力。

巧克力在1765年由一个叫作约翰·哈农的爱尔兰移民传到美国，他劝说同伴詹姆斯·贝克建立了一个巧克力工厂。但非常不幸的是，12年后哈农在去西印度群岛买可可豆的途中被淹死了。不久贝克也离开了。今天，你在美国仍然能够买到贝克巧克力。

英国皇家医生汉斯·思劳恩是第一个将牛奶混入巧克力的人。这个想法后来被英国的吉百利兄弟加以采用。想了解他们和另外一些巧克力英雄的故事，请看下一章。

巧克力发展史之三

19世纪的巧克力英雄

1800年—1900年：艰难探索的年代

1807年　奴隶制在大英帝国被彻底废止，这对可可生产工人来说可是个好消息。

1819年　佛朗科斯·路易斯·甘椰在日内瓦湖畔创建了第一家瑞士巧克力工厂。

1824年　约翰·吉百利在英国的伯明翰开了一家商店，专门出售茶、咖啡和可可。

1828年　荷兰人万·豪顿发明了一种从可可豆里提取油脂的方法。

1847年　约瑟夫·福来在英国西部的一个城市发明了第一块块状巧克力——但直到50年以后才生产出第二块。

1850年　英国人调查发现，巧克力中有砖的粉末。

1853年　开始确定征收巧克力税。在英国，每500克巧克力要征1分钱的税。巧克力不再只是富人们的专利。

1862年　亨利·郎特力在英国约克郡开始经营可可和巧克力生意。

1866年　吉百利开发出可可原料——没有添加砖末的纯可可。

1866年　福来块状奶油巧克力在各个商店里都能买到，至今已经延续了130多年！

1868年　理查德·吉百利卖出了第一盒印有他自己设计商标的巧克力。

1870年　很奇怪，这时候美国人还都没听说过巧克力。

1876年　瑞士的丹尼尔·彼得把亨利·内斯特提供的浓缩牛奶加到巧克力中。世界上第一块牛奶巧克力就这样诞生了！

1879年　吉百利开始在英国伯明翰创建生产巧克力的"花园式的工厂和村庄"。工人们从城市贫民窟里搬出来，来到乡村。

1880年　瑞士巧克力制造商鲁道夫·莲无意中把一些巧克力原料留在了混合桶里，几天以后，他意外地得到一种"入口即化"的巧克力。

1900年　美国人米尔顿·好

时决定推广 "牛奶糖是一种时尚,
而巧克力却是永恒" 这样一种观
念。他在家乡宾夕法尼亚州建造了
制造巧克力的工厂,并把生产的巧
克力命名为 "好时牌"。

开始的时候,巧克力是一种仅供
上流社会权贵们享受的饮料。即使到
了19世纪,可可饮料还仅仅是所谓真
正的男人喝的饮料,像猎人、军人和
消防队员都是非常刚烈的男人,他们
才能喝巧克力。伟大的侦探福尔摩斯
在出门侦查伦敦出现的一桩桩新谋杀
案之前,总是要先饮一杯巧克力。

历史在不断地前进。19世纪是巧克力英雄辈出的年代。瑞
士、英国和美国的巧克力先驱者们创造了我们今天享用的各种各

61

样的巧克力——它们不再是有钱人的专利，而是每个人都能享用的甜美食品。

　　如果没有这些巧克力英雄，我们也许至今还只能像阿兹泰克人那样喝着粗劣的泡沫饮料，也许还会期望着能有点什么固体可可之类的东西放在嘴里嚼嚼。这本书里有很多巧克力英雄的名字——像吉百利、马尔斯和好时，你可能已经耳熟能详。另外还有一些人，像瑞士的丹尼尔·彼得，很多人可能还不知道。然而，最该记住的是他们的前辈——巧克力的真正鼻祖，一位叫万·豪顿的荷兰人。

巧克力英雄

第一位：万·豪顿，制造低脂巧克力的荷兰人

　　万·豪顿是一位荷兰的化学家。在阿姆斯特丹的工厂里，他一直被脂肪的问题所困扰。倒不是他自己超重，而是巧克力中的油脂太多。还记得巧克力饮料上面的泡沫吗？那就是脂肪或者叫做可可脂——可可豆中的天然脂肪。为了中和这些脂肪，人们常常把面粉或玉米粉放入巧克力中（还添加一些我们现在看来有些恶心的东西）。尽管如此，巧克力里的脂肪还是很多——直到万·豪顿发明了能分离出脂肪的机器。

　　万·豪顿发明了一种压榨机，能把液体巧克力中的脂肪挤压出来。

在木螺丝向下旋紧的过程中，万·豪顿把巧克力中的一半脂肪分离出来，留下的是一种很细的棕色粉末——可可！

万·豪顿发明的压榨机为老百姓享用巧克力铺平了道路。1828年的这个发明很快被像英国的吉百利和福来这样的巧克力制造商所采用。

聪明的瑞士人

一提到瑞士，就会让人想到高山和滑雪，其实还应该补上巧克力。那里有一些巧克力厂商每天生产着世界上最有名的巧克力。

瑞士生产的巧克力以前并不知名，就是因为出了那么几个具有奉献精神的英雄，瑞士产品才得以在19—20世纪一跃成为世界的顶级产品。瑞士的先驱者们把这个国家最具特色的牛奶、精益求精的民族精神用在了生产巧克力上。

巧克力英雄

第二位：佛朗科斯·路易斯·甘椰（1796—1852）

甘椰是瑞士的巧克力先行者，因为他第一个创建了专门生产巧克力的工厂。甘椰生产巧克力源于一次在瑞士举办的博览会。 在那次博览会上，一股他从来没有闻过的香味钻进他的鼻孔。他寻找到香味的来源，原来是一家意大利巧克力制造商正在锅里搅和暗红色的黏稠液体。他尝过一口以后，就与巧克力结下了不解之缘。他果断地收拾好行囊，离开瑞士来到意大利首都米兰，在那里的口福莱巧克力工厂一干就是4年。

再回到家乡的时候，甘椰已经是一个娴熟的巧克力制造商了。1819年，他在瑞士日内瓦湖畔建立了自己的巧克力工厂，甘椰巧克力从此诞生。

第三位：菲利普·苏查德（1797—1884）

菲利普·苏查德在瑞士巧克力界直到现在还非常有名。第一次接触巧克力时他只有12岁。命运使然，他为了养活生病的妈妈而被送到化学家那里挑拣巧克力。那时的巧克力价格贵得吓人，买500克巧克力要花掉一个工人3天的工资！

菲利普开始想——既然巧克力这么贵，就说明巧克力短缺。既然短缺，就应该有更多的人来生产巧克力。

到了1826年，菲利普已经开始用他自己发明的机器生产他自己的巧克力。

第四位和第五位：亨利·内斯特（1814—1890）和丹尼尔·彼得（1836—1919）

大家都知道雀巢公司的名字。至今，这家世界最大的食品公司还在生产着各种各样的巧克力和其他食品。亨利·内斯特开始的时候并不是以生产巧克力起家的——而是以前面提到的瑞士秘密武器——牛奶起家的。亨利·内斯特确实是一位当之无愧的牛奶商人。他不仅把牛奶送到每家农舍的门口，他的伟大之处还在于他发明了奶粉。奶粉可以很方便地喂给婴儿和孩子。当时亨

利·内斯特不知道奶粉还可以派上其他的用场。他找到了一个年轻人——丹尼尔·彼得，以取得他的帮助。让我们阅读一下丹尼尔·彼得的日记，就会发现他进入巧克力生产领域纯粹是一个偶然。

牛奶巧克力日记

1851年，抓住机会！我在一家杂货店找到一份工作。我的老板克莱门特女士，除了经营杂货店以外还制作蜡烛。透过蜡烛，我看到了自己的光明前景。我的理想会实现，我将致富。你能想象吗？当人们不需要蜡烛的亮光时，就是上床睡觉的时间了。

未来！

1852年，我简直不敢相信我的好运，克莱门特女士把制作蜡烛的生意转交给了我。今天，她对我说："丹尼尔，你是个聪明人，我能看出来你已经有能力独立制作蜡烛了。接过这桩生意吧。从我这里取走蜡烛芯，开始你的创业工作。"这是我的好机会，我可不能错过。

1856年，好天气！我在日内瓦看到一种新产品正在销售。他们称这个发明为石蜡灯。你可以随时点着这个灯，而且它不会那么快就燃尽，不像蜡烛那样需要频繁地更换。瞬间，我所有的希望都破灭了。我事业的蜡烛也随之熄灭了。想想吧，将来有一天人们使用蜡烛只是用来装饰生日蛋糕！

1857年，我恋爱了！心爱的女友名叫芬妮·甘椰。她的父亲是一位巧克力制造商（记得佛朗科斯·路易斯·甘椰吗）。我尝了这种甜甜的棕色食品。这绝对是个了不起的东西，只是进入鼻腔的味道不那么浓罢了。我决定放弃蜡烛制造而开始探索巧克力的秘密。

← 我投身到巧克力中去

1875年，我到了！我成功了！经过几年的实验后，我成功地把奶粉混合到巧克力中。我把这种混合的巧克力称为牛奶巧克力。但我还是担心这种牛奶巧克力会不会有人欣赏？

成果！ →

剩下的，就像人们说的那样，都已成为历史。丹尼尔·彼得由于发明了今天供无数人享用的牛奶巧克力，而受到世人永远的感激。在此之后，他又发明了世界上第一块块状巧克力。应该说，我们非常幸运，石蜡灯出现的正是时候。

丹尼尔·彼得是发明牛奶巧克力的英雄，但世界上真正的第一块块状巧克力究竟是怎么做出来的？在丹尼尔·彼得发明的24年前，一个英国人就曾经尝试过……

颤抖的英国人

英国的巧克力英雄是教友派（Quaker）信徒。教友派始于17世纪，是基督教的一个派别。为什么他们被称为颤抖的人呢？Quaker是应早期领袖的号诫"听到上帝的话而发抖"而得名。到了19世纪，"颤抖"活动早已无影无踪了，取而代之的是更强烈的信仰，是对正义、和平和结束贫穷的坚定信念。为什么他们会进入巧克力制造的领域呢？原来他们的选择是有限的。作为教会以外的人士，他们不属于固定的教会，也被禁止进入大学，进入法律界、医疗界和政治界。他们不能参军，因为他们爱好和平，不同意打仗。

这样，他们只能做生意和实业。有一个名叫劳伊得的教友找到一伙同伴，包括吉百利、福来和罗恩特里，后来他们成为一群伟大的巧克力英雄。起初，他们选择制造可可，因为他们看到这种饮料比酒精饮料更加有益健康，希望穷人们能放弃烈性酒和啤酒而饮用可可饮料。可可饮料将对穷人的健康有好处。

喝酒精饮料的作用

喝可可的作用

巧克力英雄

第六位：约瑟夫·福来

（1728—1782）

你可能听说过福来牌巧克力或者福来牌火鸡。福来公司最早是由约瑟夫·福来在200年前英国西部的一个城市创建的。直到19世纪中叶，人们能吃到的固体巧克力都干巴巴的，像蜡笔一样脆，而且也只在法国制作的蛋糕上才有。1847年，福来公司把可可粉和糖，还有溶化了的可可脂混合在一起做实验。结果生产出来的巧克力能够更好地成形。于是福来发明了世界上第一个真正的块状巧克力。这种块状巧克力在1849年英国伯明翰博览会上展出。福来称为：

无限美味的块状巧克力

很长时间以来，巧克力对一般人来说价格还是偏高，但在进入新世纪的时候，这个情况开始改变。

第七位：亨利·罗恩特里（1837—1883）

亨利·罗恩特里进入巧克力生意是由于婚姻——从他岳父威廉·图克那里接手的。一开始，他只是在两个巨大的竞争对手吉百利和福来后面亦步亦趋。首先，公司的经营策略不允许他做广告，也没有现金购买万·豪顿的压榨机。罗恩特里的可可还是含有大量可可脂，很油腻。但是亨利是个聪明的家伙，给他的巧克力起了许多听起来挺蠢的名字，实际上他把许多不同的东西加到可可粉中，因此去掉了一些油脂怪味！

冰岛苔藓巧克力

六角形巧克力

珍珠巧克力

薯粉巧克力

内含淀粉

超强能量

岩石巧克力

做米巧克力

别喝可可！

你可能想罗恩特里犯了一个错误，使他的可可粉变得不纯，但与竞争对手相比，他添加的东西却别具特色。在维多利亚时代，在可可里添加一些当时禁止的东西是非常普遍的，而且这种做法还影响到整个欧洲和美国。

来看看下面这些禁止添加的成分。你能猜出哪些东西真的曾经被添加到可可里吗？

答案

19世纪初，所有这些东西都在可可饮料的添加剂之列！红铅和朱砂实际上是毒药，聪明的你当然应该知道这些。而其他东西只可能使饮料的味道变得更加糟糕。

1850年，英国政府开始了一项有关健康状况的工作，对那些被抱怨可能已经变质的可可饮料和其他食品进行调查。结果发现，在70份抽样中，有39份添加了红砖末！如果这还不算太坏的话，所有样品中都有土豆淀粉。因此，政府在1860年—1872年这段期间通过了有关食品必须把主要成分标在包装上的法规。

巧克力英雄

第八位：约翰·吉百利
（1801—1889）

吉百利——英国巧克力行业中最有名望的人士之一——是从伯明翰一家小店开始创业的。约翰·吉百利的小店本来只销售茶和咖啡，但是顾客很快就被他在伯明翰杂志上刊登的可可广告所吸引。他的广告是这样的：

约翰·吉百利希望引起大家的特别注意：由他本人制作，文章里说这个饮料是最有营养的早餐饮料。

约翰·吉百利的两个儿子，理查德和乔治兄弟俩在1861年掌管了经营可可饮料的生意，5年后购买了万·豪顿的压榨机。有了低脂可可以后，他们就开始大张旗鼓地做起了广告宣传。

广告说他们的可可没有一点儿砖末、铁屑或其他乱七八糟的添加物，这可是个聪明之举。

他们的竞争对手对于丑陋行径被披露感到愤怒（即使这是事实），而老百姓却很快接受了吉百利的可可精华。福来也开始研究没有可可脂的巧克力。两年以后，也就是1868年，吉百利兄弟给市场带来了第一盒新巧克力，他们宣称：

约翰·吉百利的可可精华

—— ◇ ——

因为醇正　所以最好

今天你得到的这盒巧克力和以前吃的巧克力完全不一样。这盒巧克力很甜，在巧克力的表面有一层糖。盒子外面画着理查德的女儿杰西卡的肖像，杰西卡抱着一只小猫。

维多利亚女王非常喜欢这张可爱的图画，还帮助推销了不少这种巧克力。

肮脏的城市

教友派信徒非常赞赏吉百利对巧克力工厂工人的关照。在维多利亚时代，工人的生活水平都很低。

在那个时代的英国，很多城镇都有贫穷工人居住区，那里的环境肮脏不堪。在工厂劳累一整天后，你回到这样的家：

73

每栋房子的距离都非常近

没有厕所更没有花园

粪便直接倒进排水沟

哇呀!

街道泥泞黏滑

在这些发臭的茅屋里,年幼的小孩常常过早夭折。伯明翰贫民窟的老百姓都这样说:

这儿的臭虫比婴儿还多!

吉百利兄弟觉得他们的工人生活得连猪都不如(当时猪的生活确实比工人要好),乔治·吉百利左思右想,终于想出了办法。

为什么产业工人不能享受乡村的新鲜空气,不能在工作的地方享受休假?如果乡村那么适合居住,为什么不到那里去工作?

乔治·吉百利

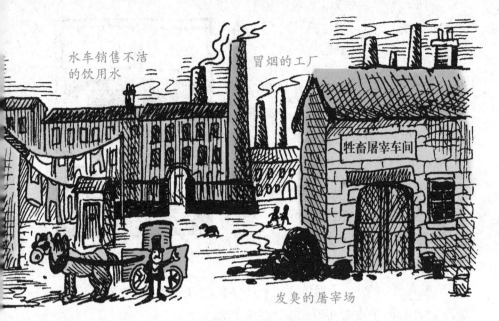

水车销售不洁的饮用水

冒烟的工厂

牲畜屠宰车间

发臭的屠宰场

　　1879年，吉百利兄弟买了15平方千米的土地，把他们的工厂搬到伯明翰南边2000米的乡村。他们在那里建造了工人新村，起名叫波恩镇（波恩是当地的一条小河）。工人的房屋设施比原来城里的住房有了很大的改善。工人们住进道路两侧绿树成荫的小农舍，每幢农舍的前面都有花园和菜地。那时候，人们还从来没有听说过贫穷的工人能住有花园的房子。后来，这些房屋竟难以置信地添加了奢侈的独立卫生间！

　　吉百利兄弟并没有就此停滞不前，他们要让工厂的工人们更加健康和幸福。波恩镇里没有酒馆，但那里有绿地和花园，有游泳池（还装上了时髦的吹风机），还有足球场、音乐厅和户外锻炼的地方。所有这些和巧克力的香味都全天候开放。

吉百利工厂工人的生活纪录（1930年）

上午8点　到工厂并签到。工厂奖励那些准时上班的人。开始把吉百利牛奶巧克力浆倒入模具里。男女工人分开工作，以免相互干扰！

10点30分　中间休息，喝茶。

下午1点　在餐厅用餐——午餐有好吃的煮牛肉和奶油蛋糕。厨房每天要做1000份饭。

下午1—2点　娱乐时间。从午餐时间开始就可以选择听音乐、在花园散步或者在阳光下讨论问题以免感冒。

下午2—6点　回到工厂工作。搬运巧克力。

下午3点　工间休息，喝茶。来点巧克力饼干？

下午4点　坐在由4个工人组成的小组中间。他们的任务是品尝新生产出的巧克力并作出报告。这个任务可不轻松，但大家都愿意干！

下午6点　下班的号角吹响了。工人们冲出工厂大门，汇入自行车的洪流。

下午6点15分　足球赛，吉百利队对罗恩特里队。

晚上8点　赶快跃进男游泳池。

晚上9点　回到家，上床睡觉之前喝一杯热可可（当然是吉百利可可）。

维多利亚女王的巧克力战士

1900年，当巧克力刚刚普及的时候，英国开始在南非与荷兰占领军进行布尔战争。这已经是第二次布尔战争了。听说军官们比较容易得到家属送的礼物，从而影响了士兵的士气时，维多利亚女王愤怒了。她决定让英国皇室也给士兵们送新年礼物，那么送什么能比送巧克力更合适呢？

报告，我们的子弹打光了，但我们还有好多巧克力呢！

女王要求吉百利生产皇家专用礼品巧克力。这是一种荣耀，但是吉百利兄弟却不那么看。作为和平主义者，他们不赞成战争，所以不想为英国军队提供补给。可如果他们对女王说"不"，就要承担很大的风险。你认为他们是怎么做的？

a) 执行命令？

b) 邀请同行业竞争对手一起完成这个订单？

c) 把订单藏起来，自己也躲起来？

答案

b)。吉百利兄弟明智地邀请了罗恩特里和福来，共同完成这个订单。这样他们就不会被指责为反战人士了。福来设计了包装巧克力的铁盒，上面印有维多利亚女王的头像，而把制造商的名字给抹掉了，他们不准备暴露巧克力制造商的名字。可女王不同意这样做，因为她不想让士兵们觉得她送的是杂牌巧克力。在三大巧克力制造商当中，吉百利的名字还是出现在巧克力包装上。

在南非的英国士兵非常饥饿，他们迫不及待地打开巧克力包装盒（令人难以置信的是，食物短缺到马肉都要减少供应）。漂亮的包装盒被士兵们保存起来——士兵万一在战场牺牲以后，死者的遗物就被放在盒子里寄回给家乡的亲人。

78

关于巧克力的礼节

在维多利亚时代和爱德华时代，贵族对享用巧克力的礼节要求非常严格。如果你是男管家或者是女仆，就要记住这些规矩。

1. 仆人看到尊贵的客人因喝巧克力而使胡子上沾有泡沫，必须非常谨慎地提醒客人。

2. 在年轻的主人户外锻炼之后，要让他先沐浴才能端上富有营养的可可。

3. 注意不要把巧克力放在衣服抽屉里。防虫剂的气味会破坏巧克力的香味。

4. 如果女仆看见主人因为情绪低落而在傍晚把窗帘早早地拉上，她就要建议主人请一些客人来吃巧克力。

> 5. 保姆必须对孩子们接受巧克力馈赠睁一只眼闭一只眼。但要阻止孩子们贪婪地吃个没完，并引导孩子们把巧克力先让给客人吃。

> **好吧，好吧，我会把这些巧克力送给客人！**

自动化生产的美国人

当美国人尝到巧克力的时候已经很晚了，可一旦他们接触到这种东西，就有力地推动了巧克力的发展。巧克力由约翰·韩农和詹姆斯·贝克在1765年带入美国（你今天还可以买到贝克牌巧克力）。但直到19世纪末，巧克力在美国人的眼里还只是饮料。后来有一位英雄使这一切得到了改观。

巧克力英雄

第九位：米尔顿·好时（1857—1945）

米尔顿·好时是一个善于思考的人。他曾被称为"制造巧克力的亨利·福特"（亨利·福特是福特汽车公司老板）。亨利·福特在汽车制造中采用了自动化设备，从而能大批量地生产汽车。米尔顿·好时在巧克力制造中也采用了自动化设备。

福特汽车

好时牌巧克力

好 时

牛奶巧克力

在人们想到自动化生产巧克力时，好时已经是两个伟大创举的先驱者之一了。

大批量自动化生产巧克力并不是好时的唯一创举，他还创建了自己的巧克力城。

15岁的时候，好时就开始在糖果厂学徒。4年以后，他创建了自己的糖果厂，生产给小孩吃的糖果，牛奶糖是主打产品。他在1893年参观一个展览会时，第一次见到了生产巧克力的机器，从此改变了想法。好时意识到自己找到了发展的新契机，马上把机器买了回来。

回家后，他把厂里剩下的牛奶糖全部卖掉，凑齐近百万美元的周转资金，开始在美国宾夕法尼亚州创建生产巧克力的工厂。一切就绪，机器和传送带使巧克力的生产源源不断，他适时地打出了"好时牌（Hershey's Kisses）"的商标，并在巧克力销售方面也取得了巨大成功。

工厂创建伊始，他就规划了生产示范城镇。这有点儿像吉百利兄弟创建的英国波恩镇，只是比波恩镇大得多，而且更加巧夺天工。在好时巧克力城，有叫巧克力或可可的街道和道路，甚至路灯也做成好时巧克力的形状。

牛奶巧克力和可可厂

好时商店

孤儿学校

好时公园和花圃

可可路　巧克力街

好时巧克力形街灯

米尔顿·好时在他85岁时平静地辞世，但他的巧克力王国至今还生龙活虎地活跃在世界巧克力舞台上。如果有机会，你可以到美国的宾夕法尼亚州参观好时巧克力工厂，看看巧克力的"迪斯尼乐园"。好时巧克力一如既往地为全世界人所喜爱——20世纪90年代，每天有2500万颗巧克力从生产线流出来。欧洲的同行视美国的好时巧克力为拦路虎。"头脑正常的人，谁会生产这种发酸的巧克力？"瑞士巧克力制造商这么说。有人说好时巧克力最早的配方是用发酸的牛奶，但这个配方让好时先生一直抓在手里不肯公开。好时巧克力公司当然说这是无稽之谈。公司说，之所以取得良好的销售业绩，是因为美国人喜欢好时巧克力的独特味道。当然现在欧洲人也很少再谈论这件事。

好时银行　好时宾馆　免费图书馆　五座教堂

高尔夫课程班　滚轴溜冰培训班　动物园

巧克力学校

　　万·豪顿、苏查德、彼得、福来、吉百利、好时……构成了一幅巧克力英雄的历史画卷，令人为他们感到骄傲。你在学校学习时，应该记住这些重要的名字。历史老师们都在想些什么？不管怎么评价征服者威廉和亨利二世都不重要，只要想想：如果没有丹尼尔·彼得，我们可能根本吃不着如此甜美、润滑、丝般感受的牛奶巧克力！

83

> 如果我是班主任，我就把历史老师请走，让巧克力老师给你们上课。

罗尔德·达尔是畅销书《查理和巧克力工厂》的作者

　　19世纪是巧克力活跃发展的年代。尽管油腻的巧克力饮料延续了一个多世纪，它还是演变成我们今天见到的甜丝丝的润滑的美味食品。这还不是巧克力的全部故事，最精彩的故事发生在随之而来的20世纪。接下来的40年，玛氏、米尔齐·威、克郎士和奇巧这些耳熟能详的名字改变了我们的生活，这是巧克力发展的真正黄金时代。

巧克力发展史之四

20世纪巧克力大爆炸

巧克力的黄金时代

1905年　吉百利的戴瑞牌牛奶巧克力开发出来——并始终保持着英国成形巧克力的领先地位。

1907年　好时牌巧克力发明出来，美国人视它为宝贝。

1908年　三角巧克力诞生。瑞士人受山峰的启发，创造了这种三角形的巧克力。

1910年　深颜色巧克力，吉百利的波恩乡村牌深色巧克力成为浅色巧克力的姐妹品牌。

1915年　吉百利的牛奶盘巧克力风行一时。

1920年　世界上第一种特殊的块状巧克力出现在商店里——吉百利雪片巧克力。发明者更加注重改变巧克力的形状、结构和成分。

1921年　吉百利将水果和坚果掺到巧克力中，制成果仁巧克力。

1930年　块状巧克力的经典时

代——福来发明了克郎士巧克力（克郎士在英语中是脆的意思）。

不幸的是，开始的克郎士根本不脆，而是软的。

1932年　美国人佛罗斯特·马尔斯发明了玛氏巧克力。这种巧克力吃到嘴里一咬就碎，第一年就销售了200万块。

1933年　黑魔力巧克力装在精美的盒子里，十分畅销。市场调研显示，这种巧克力在皇家园林的聚会上需求巨大。

1935年　爱罗巧克力，上面有很多小的气泡，在一定条件下会爆炸，问世后销售一直很好。

1936年　佛罗斯特·马尔斯做了实验，把豆粒大小的面球放在真空中，让它爆炸。再把巧克力包在爆开的面球外面。麦丽素巧克力问世。

1937年　品牌巧克力丰收的年代。奇巧牌、罗罗牌和聪明豆纷纷进入市场。

1940年　美国军方看到巧克力的重要作用，要求好时公司发明能耐热的巧克力，以便于装在士兵裤兜里不会溶化，这种巧克力极有想象力地起名为"战场的口粮"。

1970年　现代巧克力变得又薄
又好吃。吉百利的夹层巧克力也是成
功的故事之一，第一年就销售了1.6
亿块。

1996年　吉百利看到市场中
"丰富的小吃"还有巨大空间，他们
发明的福斯巧克力创下在奇巧牌巧克
力之后的第二大销售量。

福来在英国开始他的巧克力事
业。在50年的时间里，福来巧克力一直在与瑞士巧克力和法国巧
克力竞争。早期的福来巧克力比较苦，还很脆。到了1920年，他
们发明了"五兄弟"牌巧克力——是那时最好吃的巧克力。吉百
利也在暗中使劲，3年以后推出了戴瑞牌牛奶巧克力。这是巧克力
发展的巅峰时期——英国成形巧克力风光无限的时期（成形巧克
力是把巧克力浆倒在模具里，使它成形）。

倒入模具的成形巧克力　　发霉的巧克力

随之而来的20世纪是巧克力爆炸的年代。每项有关巧克力的
成功发明都把巧克力带进一个新的黄金时代，块状巧克力就是在
20世纪30年代大量出现的。就在那时，许多巧克力伟人的名字在
世界上纷纷涌现。

在20世纪30年代以前，糖果店的生意比较清淡，他们宁愿卖巧克力也不愿卖其他糖果。　如果你去翻翻生活在20世纪20年代小孩的裤兜，就会发现下面这些东西：

甘草糖
薄荷硬糖
鞋带
茴香豆
弹弓
蓝鸟太妃糖
公牛眼
（一种糖）
果汁奶冻吸管

　　那时根本不用担心小孩吃糖过量，因为那时的甘草糖是用从动物血中提炼的物质或是从木屑中提炼的果子露制成的（这是真的，因为一个名叫罗尔德·达尔的作家曾经有描述这方面的作品）。糖果是小孩所喜爱的。巧克力偏贵，还没成为大众食品。到了1920年，人们就有了两种选择——牛奶巧克力（像戴瑞牌）和纯巧克力（像波恩乡村牌）。有50多种不同口味的巧克力，像太妃巧克力、戴瑞牌牛奶巧克力、花生巧克力和葡萄干巧克力等，这都是过去连想都不敢想的。20世纪30年代是巧克力革命的年代，许多名牌巧克力在这个时代诞生，一些名牌延续至今，商店货架上仍然能看到它们。但是，是谁给了它们创意，它们的名字又是怎么来的呢？

　　这里有个十佳巧克力排行榜，能告诉你关于这些巧克力的真实可爱的故事。

顶尖巧克力：十佳排行榜

1. 吉百利的戴瑞牌牛奶巧克力

诞生于：1905年

制造商：吉百利

吉百利的戴瑞牌牛奶巧克力最早使用海兰牌巧克力的名字起家。但这个最初的名字在戴瑞牌牛奶巧克力遍布大街小巷之前，只有几个星期的寿命。牛奶巧克力和海兰巧克力后来组合成一个新名字，就叫戴瑞牌牛奶巧克力。这种巧克力和别的巧克力的最大区别是它的

鲜奶味道——用醇正新鲜的牛奶而不是奶粉。销售的第一块牛奶巧克力像一块半斤左右的蛋糕，价格大约6便士。

自从戴瑞牌牛奶巧克力诞生以来，销售量每年都在增长。俄罗斯人格外喜爱戴瑞牌牛奶巧克力——1995年在那里销售了2.8亿块！

你以前知道吗？

1905年，戴瑞牌牛奶巧克力上市时，正值英国国王爱德华七世在位，那时你用大约7便士就可以买一杯茶，或者花6英镑就可以买一张从英国到美国的三等舱船票。

2. 米尔齐威巧克力

诞生于：1923年

制造商：马尔斯

1923年，福兰克·马尔斯和儿子佛罗斯特坐在一起喝巧克力奶。

福兰克是一位糖果制造商。他在生产中遇到一个问题，糖果

在明尼苏达州以外地区的上架期太短。他问儿子该怎么办。

"为什么不把巧克力麦芽奶加到糖块里？"佛罗斯特轻松地回答。

后来，他解释："当时我说这话根本没过脑子。如果把巧克力麦芽奶加到糖里以后上架时间更短的话，我肯定要挨骂。刚好

我们正在喝巧克力麦芽奶，他就把一些糖放在巧克力里，让巧克力包着糖——虽然不太好看，但人们可以买到便宜的巧克力——这样的糖居然卖出去了。"

这样的糖就是米尔齐威牌巧克力。

你以前知道吗？

米尔齐威牌巧克力可能曾经叫米尔齐蝶或米尔齐飞。马尔斯把这两个名字都注册了商标，防止竞争者盗用。

3. 玛氏巧克力块

诞生于：1932年

制造商：马尔斯

1932年，年轻的佛罗斯特·马尔斯和父亲闹翻了。他带着米尔齐威巧克力配方，还有5万美元，离开了英格兰。佛罗斯特·马尔斯在一个小镇租了一个厂房，开始了他的巧克力事业。但他不满足于简单生产父亲传下来的米尔齐威，他开始按照英国人的口味调整巧克力配方，在里面加了更多的

糖，使巧克力更甜。在人们找到巧克力极品之前，他就发明了玛氏巧克力！

　　佛罗斯特的工厂只有十几个人，用手工制造巧克力，销售价格也很低，每块只有2便士。1933年，你可以买到各种好吃的巧克力了，那些又黏又有嚼头的玛氏巧克力掀起了一股巧克力消费的新时尚。到了这一年年底，佛罗斯特雇佣100个工人，销售了200万块巧克力。今天，英国人每天就要吃掉270万块巧克力！尽管取得如此成功，佛罗斯特还是没有像他父亲那样成为巧克力英雄！请阅读后面的篇章。

你以前知道吗？

　　不仅仅是人类才喜欢吃玛氏巧克力。1979年，一匹名叫邦波的赛马在阿斯科特赛马慢跑赛中获胜。但药检时，这匹马被查出吃过含有可可碱的食物，因而取消了它的获奖资格，原来邦波在去赛马场的路上吃了养马人的巧克力。驯马师抱怨说：

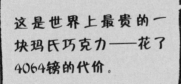

这是世界上最贵的一块玛氏巧克力——花了4064镑的代价。

4. 克郎士（也叫酥脆）巧克力

　　诞生于：1930年

　　制造商：福来

　　长相：巧克力覆盖着蜂巢状的脆糖

　　在克郎士发明以前，小孩都买像煤渣一样的硬糖吃—— 一种大块的空心脆糖。有一天，福来工厂的一个人突然想到，用巧克力把空心脆糖裹起来，在那时这样的想法可是了不起。第一代克郎士应该称为"易碎糖"或叫作"酥糖"。这种糖因为太脆而易碎，所以工厂的女孩们用小喷灯把碎糖黏结在一起！更糟的是，如果包装袋上有一个针眼大的小孔，空气就会进到脆糖的里面，使空心塌陷。结果呢？克郎士脆巧克力变得比口香糖还软。

福来要在克郎士脆巧克力像泰坦尼克号那样快速沉没之前，找到解决问题的办法。他在上面又覆盖了一层巧克力，终于让克郎士巧克力脆了起来。

你以前知道吗？

福来把濒临死亡的产品写在一则广告用语上——"克郎士巧克力——双层巧克力"！

5. 奇巧牌巧克力

打破常规

诞生于：1937年

制造商：亨利·依萨克·罗恩特里

如果玛氏块状巧克力是20世纪30年代的赢家，那么奇巧巧克力则是20世纪90年代的巧克力冠军。因为这是近年来销售量最大的一种巧克力，在1995年销售量达到13亿块。

奇巧巧克力是什么样的巧克力呢？没有花生，没有太妃糖或者葡萄干去干扰我们的味蕾，只是2块或4块夹心饼干，外面包着香甜嫩滑的牛奶巧克力。也许是这种巧克力非常蓬松的原因，大人和小孩都爱拿它当零食吃，也用不着担心吃得太多。

奇巧巧克力的配方自从1935年作为脆巧克力诞生以来，一直没有太大变化，但却给人很深的印象。1937年罗恩特里按照18世纪伦敦奇巧俱乐部的名字给巧克力改名为奇巧（Kit Kat）。

在第二次世界大战期间，因为牛奶短缺使奇巧变成了黑颜色的巧克力。还有一种薄荷奇巧和柑橘味奇巧，销售速度是普通奇巧的3倍。尽管各种巧克力销售兴旺，制造商还是不断地琢磨迎合顾客的新口味，试着生产甘草味、水果味或者软糖类的奇巧巧克力。有点儿新鲜的是，如果去日本，你就能买到奇巧杏仁巧克力，它有现在那种大块奇巧巧克力的2倍宽。

你以前知道吗？

全世界每5分钟生产的奇巧巧克力堆起来比法国埃菲尔铁塔

还要高。一年生产的奇巧巧克力连起来，比环绕伦敦的地铁350圈还长。

6. 聪明豆

诞生于：1937年

制造商：罗恩特里

抽点时间说一说褐色的聪明豆吧。1937年，当鲜亮的巧克力豆出现在市场上的时候，棕色的巧克力豆家族增添了一群小姊妹——红的、黄的、橘黄、绿的、淡紫色、粉红色和深棕色的豆豆。这些小东西来自欧洲的竞争对手，并对英国的巧克力销售构成威胁。德国人生产了蓝色的聪明豆，并且很快销售到法国、意大利、比利时和荷兰。

英国那些一成不变的褐色块状巧克力经过了第二次世界大战，到了该为这种巧克力过50大寿开庆祝会的时候，也就是在1987年，罗恩特里宣布蓝色聪明豆问世。这种褐色的巧克力知道自己的出头之日要结束了。两年后，这种巧克力果真被挤出市场，为那些热卖中的新可可豆腾地方。真不幸，棕色聪明豆还是没有熬到新世纪。

聪明豆
淡褐色
去世了但没有被遗忘

你以前知道吗？

　　每分钟就有16 000颗聪明豆在饥饿的嘴里消失。

7. 麦丽素巧克力球

　　诞生于：1936年

　　制造商：马尔斯

　　长相：很轻的麦芽牛奶球，外面裹了一层厚厚的巧克力

　　佛罗斯特·马尔斯不满足于已有的那些热销巧克力，像玛氏巧克力块、米尔齐威和士力架巧克力，又开始试验新的巧克力产品。

　　下面麦丽素巧克力球的配方能吓人一跳。

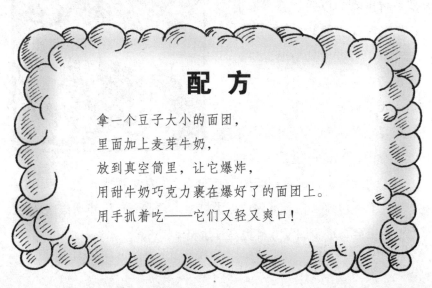

配 方

拿一个豆子大小的面团，
里面加上麦芽牛奶，
放到真空筒里，让它爆炸，
用甜牛奶巧克力裹在爆好了的面团上。
用手抓着吃——它们又轻又爽口！

马尔斯是从哪儿得到麦丽素巧克力球的好主意呢？说实话，他是从美国的一种叫华泡斯的食品那儿得到的启发。

你以前知道吗？

最早的麦丽素巧克力球曾被称为"能量球"，但是这个叫法似乎有点儿夸张。类似的还有士力架巧克力，在英国曾经叫"马拉松能量块"。为什么？没人知道。

8. 耀力巧克力

诞生于：1976年

制造商：罗恩特里

长相：大块牛奶巧克力

戴瑞牌巧克力在所有巧克力产品中一直很有影响力。后来，罗恩特里生产了耀力这种大块的巧克力产品。竞争对手吉百利因为可可原料涨价，曾经减少了戴瑞巧克力的厚度。罗恩特里看到以后，赶紧推出这款又厚又大的新产品。实际上，耀力巧克力只是很大块的牛奶巧克力。这个名字听起来就让人觉得又大又厚，正是人们想要吃的那种。如果耀力是个人的话，那他一定是开大型

运输车的壮汉子，而戴瑞就像个奶油公主。在电视广告上，耀力巧克力扒下外包装，和吉百利巧克力打斗。它们一直打斗到戴瑞巧克力重新出台，重新加厚并且提高了价格。

你以前知道吗？

罗恩特里是在耀克工厂开工以后，给耀力巧克力起名的。

9. M & M巧克力豆

诞生于：1940年

制造商：马尔斯

长相：和聪明豆很像，只是豆豆上印有M&M字母

英国有聪明巧克力豆，美国有M&M巧克力豆。但到了1987年，美国的豆豆比英国的发展更快。

马尔斯先生是怎么想到用糖包着巧克力的呢？故事还是要回到1937年，在西班牙国内战争时期，马尔斯先生到西班牙旅行，看到一些士兵吃着扁豆形状的糖，里面是巧克力。这让他突然找到了自己苦思冥想的答案——用糖包着巧克力，巧克力就不会在阳光的照耀下溶化。

在美国，M&M巧克力豆以"只溶在口不溶在手"而家喻户晓。马尔斯说，玛氏巧克力的质量特好，所以要说两遍来强调它（用了两个M）。实际上，最开始的两个M是代表两个合作者马尔斯和马理。布鲁斯·马理是马尔斯巧克力王国的合作者，但他很快发现无法与马尔斯合作下去。如果马尔斯不喜欢布鲁斯·马理推荐的巧克力产品配方，他就在报告上潦草地写上"不行"，然后扔到厕所里去！马理最后终于辞职，但原来在糖上代表他的M却保留下来。

你以前知道吗？

当M&M巧克力豆出现在意大利市场的时候，那里的人们认为这是……

10. 双层巧克力

诞生于：1976年

制造商：吉百利

什么原因使巧克力新产品获得成功？是不是美好新鲜的口味，或者添加了新奇的原料，比如犀牛角？其实不是这么回事。根据调查，人们还是喜欢口味没有太大变化的巧克力。

这听起来好像有点儿不对头，其实人们所喜欢的巧克力都很类似，不喜欢的原因也差不多。所以双层巧克力刚刚推出的时候，吉百利并没有在里面添加什么新原料。果仁、谷类和巧克力——所有这些都已经添加进去了。吉百利只是把巧克力的形状、结构改变了一点儿，就让人喜欢、耐看，双层巧克力就取得了成功。所以，下次你要是做梦发明腌葱头味的巧克力时，就要想想再干。试试变化不那么大的事——像烘烤豆子的香味巧克力。

你以前知道吗？

双层巧克力刚上市的时候，它在销售排行榜上名列第25位，而玛氏巧克力则稳居首位。

来自"火星"的人——马尔斯

佛罗斯特·马尔斯把他的名字给了巧克力，自己于1999年7月2日去世。人们说，他曾是一个老想让孩子们高兴的慈祥老人。这么说也不错，但还有一种说法。根据那些了解他的人们说，马尔斯先生离开大家，到另外一个星球上居住去了。

这里是一些关于来自火星人奇怪的但是真实的故事。

1. 玛氏工厂的工人每天都要穿干净鲜亮的工作服。唉！谁都会为那些沾上巧克力污点的破工作服犯难。马尔斯当场就会把工作服烧掉。

　　2. 马尔斯先生曾经雇过一个私人侦探，去调查他继母家族的私事。为什么？因为他要严格控制他父亲留下的美国巧克力公司的全部事务。

　　3. 在最终接管了他父亲的生意以后，马尔斯开始做祈祷。他跪在地毯上，这样祷告：

就这样为他的26种巧克力产品做了祷告。

　　4. 马尔斯曾经通过给公司的一个经理一盘狗食，来教训他（很多人都不知道马尔斯公司生产的宠物食品占公司总产品的50%）。"监视食品抽样是你的责任。"马尔斯告诉他。这位经理拒绝了吗？没有，他把自己的尊严和那盘狗食一起咽了下去。

　　5. 在20世纪70年代，马尔斯先生独自住在位于美国拉斯维加斯的工厂里。他在办公室里装了双路监视器，以便在办公室监视工人干活。

　　6. 马尔斯的美国工厂生产着成千上万的M&M巧克力豆——但他自己的孩子却从来没有免费得到过一粒M&M巧克力豆。他说鲜亮的M&M巧克力豆不是白来的，他对每一粒都非常珍惜。

神秘的事实：玛氏巧克力

如果说马尔斯本人就是个怪人，关于他那些最有名的创新怪招就不足为怪了。没有哪一块巧克力像玛氏块状巧克力一样制造了那么多的怪新闻。

1. 1991年，食品检查人员批评玛氏巧克力的广告词："科学证据表明，玛氏巧克力在工作、休息或娱乐方面没有作出任何贡献。"但是马尔斯所聘的独立电视制作人认为玛氏巧克力应该坚持自己所做的广告。

2. 在一场可怕的暴风雪中，被困在俄国埃尔布斯山上的4名英国滑雪者坚持了整整6天，靠的就是吃玛氏巧克力。

3. 电影明星伊丽莎白·泰勒、诸恩·克林斯和足球明星保罗·加斯高有一种共同的爱好，那就是对玛氏巧克力的钟爱。

4. 英国一名学艺术的学生曾经用150块玛氏巧克力雕塑了一个巨大的舌头。

5. 虽然在第二次世界大战中食糖是配给供应，可美国政府却规定玛氏巧克力是军队必需保障的补给。

6.《财经时代》杂志曾经把玛氏巧克力称作"我们时代的货币"。因为它包含了我们赖以生存的主要食物，可可、牛奶、植物油和糖。它是比金子更实在的货币，而金子的价值却是人为赋予它的……

7. 玛氏巧克力拯救了生命！当糖尿病患者杰西·雅兹感到自己快要昏迷的时候，他在狗鼻子下摇动着玛氏巧克力包装纸说："快去拿。"狗懂事地叼过巧克力，巧克力中的糖挽救了它主人的生命。

8. 玛氏巧克力从原料到制出成品只要两个小时。

9. 英国火车在偏远地方行驶时，司机都习惯带上玛氏巧克力作为备用食品，以防突发事件，比如遭遇到暴风雪。

10. 1991年，当玛氏巧克力出现在俄罗斯市场时，排队的人非常多，每个人一次只允许买4块。

爆炸的巧克力块

你可能很熟悉像玛氏、奇巧和克郎士等这些著名的巧克力，除非你是一个刚刚从外星来的对巧克力一无所知的人。

但是那些像口哨巧克力、跳跃的小动物或听起来不错的斯咖香蕉巧克力块会有怎样的命运呢？这些是假冒名牌巧克力产品中的十大倒霉蛋，因为这些所谓的名牌巧克力一直不太走运——带着巨大的期望值出现在市场上，可没过多久就变得无人问津。

十大倒霉的巧克力

1. 马兹巧克力块

1933年，一种新的玛氏巧克力风靡一时，商店里经常脱销。在格拉斯格有个商人想出一个办法。他自己给巧克力起了个名字，叫马兹巧克力块。聪明吗？也许！这位苏格兰人制造出假冒商标的巧克力，又小又薄（肯定让人笑话），与玛氏巧克力几乎相同的包装还真的让他卖出去不少。后来玛氏巧克力的销售商与这种巧克力的制造者对簿公堂。法官问他时，他说："我们在销售时一直说这是我们自己制造的马兹巧克力块。"他可能还声称要断绝与罗内兹湖怪的接触（他以为他的造假是湖怪在作祟呢）。

103

实际上，他就是罗内兹湖怪。

2. 橡木盘巧克力

你可能听说过吉百利的牛奶盘巧克力（1915），但你不知道橡木盘巧克力在1920年曾经成功地出现在市场上吧？听说过带木头味的巧克力吗？当然没有。他们自作聪明，把假冒巧克力装在一个橡木盘子那样的盒子里。这个东西很快就销声匿迹了。他们是不是疯了？

3. 异想天开巧克力

如果橡木盘巧克力没能引起你的兴趣，那么美国产的异想天开巧克力或许会使你好奇。这个奇特的想法是把盒子里的普通巧克力随意摆放。为了让游戏变得复杂一点儿，巧克力形状也没有给你任何提示，使你不会轻易吃到混在其中的牛奶巧克力，你必须把橄榄味、腌黄瓜味或奶酪味的巧克力逐个排除掉。噢，知道他们为什么找不到想吃的牛奶巧克力了吧！

4. 苹果巧克力

　　亨利的柑橘味巧克力是一个至今让我们难以忘记的发明。但你知道吗？亨利发明的第一种水果巧克力是苹果巧克力。这个产品一直到20世纪50年代还在卖，延续了20年，所以它还算是一项成功的发明。

5. 放射性巧克力

　　不是开玩笑，20世纪30年代德国曾出售过镭巧克力。那时，放射性物质——你一旦接触过核废料就会患致命的疾病——曾被认为对人体健康有益！所以德国制造商在巧克力中添加了镭盐，并告诉顾客，"吃这个巧克力吧，感觉好极了。"英国化学家根本不相信——他们给这种巧克力起了个名字叫"自杀巧克力"。

6. 口哨巧克力

　　这是吉百利在20世纪70年代推出的一个神奇品种，口哨巧克力曾是"公司引入的最具影响力的巧克力"。它也曾为公司创造了销售奇迹。

就叫它了不起的口哨巧克力吧！

7. 浓奇巧克力

　　这是吉百利的另一个奇思妙想，是把咖啡与核桃混在一起，调制出从没有过的口味。这个名字和口味很容易让人上当，什么叫浓奇？糟糕的是，这种巧克力很快就被新出的其他品牌所替代，就剩下垃圾箱里的包装纸了。

8. 因卡巧克力

尽管吉百利的阿兹泰克巧克力到了1978年已经被人遗忘，罗恩特里却始终认为，谁让巧克力坚果的历史重现就一定是个赢家。他们制造出因卡巧克力，里面只放三种配料——榛子、核桃和杏干（也可能是误传）。就像预料的那样，因卡巧克力的味道极其难闻，很快也退出了历史的舞台。

不卖因卡巧克力了？

我们只能亏本出售因卡巧克力。

9. 薄荷脆巧克力

如果说哪种巧克力曾经获得巨大成功，那么罗恩特里的薄荷脆巧克力就应该算其中之一。

这一构思源自尼龙丝生产中的旋转抽丝工艺，只不过把尼龙丝换成糖丝了。

薄荷脆巧克力是个极具难度的聪明构思，但还是免不了惨遭淘汰。

10. 斯咖香蕉巧克力块

在巧克力的发展史中继续寻找，就会发现斯咖这个名字——但是我们能肯定地说，斯咖香蕉巧克力块可不是什么成功的典型。 20世纪80年代，一位意大利人在英国市场推出这种巧克力，可他根本不了解英国人的口味。

巧克力的明星

20世纪被称为科技的时代，但实际上很多人都知道，那还是个巧克力的时代。 在20世纪30年代以前，巧克力也就是一块简单的固体巧克力。后来巧克力制造商在巧克力生产上动足了脑筋，把很多东西都添加到巧克力里。于是乎，他们在一种巧克力问世没多久，又开始忙着改变巧克力的形状和结构。世界上创新的巧克力产品像潮水一样不断涌现出来。

那些添加了牛奶、椰子、果仁糖或膨化饼干的巧克力，那些放在泡泡里的、雪片形状的或螺旋形状的巧克力，那些做成球形、三角形或长方形的巧克力——花样翻新的巧克力无穷无尽。现代生活中，我们的胃口得到了最大的满足，各种巧克力新品种都有一大批执著的追随者。在20世纪70年代，仅马尔斯、吉百利和罗恩特里就推出了44款巧克力新产品（尽管其中30种悲壮地退出巧克力舞台，很快没有了声息）。我们接着搜寻创造出新的玛氏巧克力或奇巧巧克力的那些人，他们将成为刺激世人味蕾的生产巧克力的新贵。

看过十佳和十个倒霉蛋，你可能会好奇，新的巧克力是怎么发明出来的？是不是一群知识分子在秘密的实验室里，用巧克力反复做实验呢？再有就是新品巧克力怎么从一个创意变成人们手里的巧克力块呢？

继续阅读，你会了解新巧克力是怎么诞生的……

如果你打算向市场推出一款新巧克力，还想有不错的销售业绩，你会怎么做？

你可以：

1. 把某人的构思偷出来，稍加变通以后让它成为新的创意。

新！

里面还有香肠呢！

扑克巧克力块

2. 把你所能找到的所有原料都加进去，看看你生产出来的巧克力是什么滋味。

谁看见我的三明治了？

3. 在大家眼皮底下公开改进巧克力新配方。

这有一则新闻……这种巧克力不仅好吃，它还能让肚子舒舒服服的。

实际上，你成功的机会非常小，也就比把夹心巧克力做薄点儿稍稍容易些吧。如果有100个关于巧克力新产品的构思，那么也就只有一个能够获得成功。你需要一个严谨的计划，以保证你的巧克力位居几个有限的赢家之列。每一种能够摆上商店货架的巧克力从构思到进入市场，至少要经过7个必要的程序。按照下面的7道程序制作巧克力，你有可能碰到头彩。

第一步：构思

巧克力制造商通常从两个不同的渠道获得构思的灵感。它们可能来自：

a）市场销售部。

b）那些熟悉巧克力科学的知识分子。

市场销售部能抓住产品的市场机会。

巧克力鸭——洗澡时吃的最佳零食！

例如，当马尔斯发现妈妈们要把玛氏巧克力切成小块再喂给孩子们吃时，便首先向市场推出了好玩的迷你巧克力。当然，他们也可以生产一种切好的小块巧克力，但是那样就太没有新意了。

同时，实验室里的知识分子一直在进行着各种新产品的试验，也可能拿出新的构思方案。

也许他们会发明出一种能用来制造巧克力新产品的机器——折叠的、波浪的、卷曲的——无穷无尽异想天开的方案。

第二步：配方

新巧克力在进入下一个阶段时还需要考虑两个问题。一个是让竞争对手难以模仿，还有一个就是成本不能过高，价格要合理。

生产第一线的人们一直都在为完善配方而努力。有时，他们要列出30种以上的方案来选择合适的配料。

问题可能会在这个阶段暴露出来。在一种新巧克力试验的过程中，可能出现夹心部分的饼干没有烤透，而葡萄干却沉到下面烤过了头。这些巧克力都被扔到仓库里。配方和工艺可能再次改动。如果制造巧克力成本太高，这些新巧克力配方就会被放弃，因为价格是巧克力市场上最重要的因素。

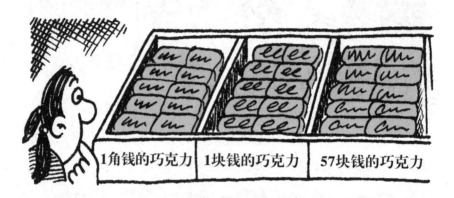

1角钱的巧克力　　1块钱的巧克力　　57块钱的巧克力

这个阶段可能要用6个月到两年的时间，你要有足够的耐心。

第三步：试验

试验、试验、再试验，是巧克力制造商的格言。实际上，在整个过程中每一个程序都必须经过试验。品尝巧克力好像是最受欢迎的工作。你愿意申请这个职位吗？在市场调查初期阶段，需要像你我这样的顾客来为新巧克力提意见。制造商会邀请顾客品尝新的巧克力，请顾客们说出是否好吃。有时人们要同时品尝好几种不同配方的产品。想想你会得到哪些好处？

亲爱的内斯特先生：

　　我是个酷爱巧克力的人。爸爸说我是家里最能吃的人。你能给我一份像品尝巧克力这样的工作吗？我不在乎有没有工钱，只要可以把工作拿回家完成。

　　充满希望地等待着……

特拉斯·波特（9岁）

第四步：包装纸

　　新巧克力的包装几乎和里面的内容一样重要。经典的巧克力像奇巧和玛氏巧克力，都有各自抢眼的包装，让人一眼就能从众多的糖果中辨认出来。包装还能反映出产品的销售对象。亮红色和亮黄色包装可能是让十几岁的小孩买的巧克力。蓝色包装可能是给成年人准备的，因为成年人愿意出较高的价钱买那些显得有品位的产品。

　　每种新巧克力都要与原来货架上的其他巧克力竞争，所以包装要能引起人们足够的注意。

113

给你的巧克力起名也非常重要。名字能让人产生联想。

第五步：广告

如果人们不知道有某种新巧克力，无论怎么好吃也不会有人来买，所以就需要做广告。很多巧克力新产品上市的时候都在电视和报纸上做广告。那么我们要问的第一个问题是，你要在广告里向人们传递新巧克力的哪些新信息？

你的巧克力是零食还是奢侈品？是嫩滑爽口，还是味道奇特如同嚼蜡？这些都需要你自己定位。广告公司会策划出几种广告方案，供你选择。

这个阶段大约要支出几百万元，所以你需要一个巨大的存钱罐。

第六步：试销

现在，你可能会想该把新产品送到商店里去了，但是别忙，应该先试销一下。一般试销要在一个地区持续一年左右。这是你确认新产品是否市场对路的最后机会。它的名字是否像你想象的那样有魅力？新产品的口味是否真的能走俏市场？一切都需要时间来验证。

第七步：重要的日子

胜利的锣鼓阵阵，喇叭声声，重要的日子来到了——你的新巧克力最后终于投放市场。顾客可能会老早就来排队购买新上市的巧克力新品，当然新产品也可能会飞快地从商店的货架上跑到巧克力墓地去。

有一句话要提醒你——很多巧克力新产品一开始销售都很好，但销售是个长期的任务。记住，新产品的销售量十有八九都会在不长的时间里滑落下去，加入到被淘汰的巧克力行列。但你应该坚信，你的巧克力正是能够坚持到最后取得成功的那一个。

新巧克力绝不会一夜成名。就如你将面对的那样，获得成功必须经历漫长的过程。即使是一个成功的故事，有时也会出现一些意想不到的挫折。来看看至今仍然非常有名的吉百利巧克力的例子。你能猜出它的名字吗？

众所周知的巧克力

绝密报告

代号：P46

任务：抢占罗恩特里飞船巧克力的市场剩余份额

日期：1981年

　　自从飞船巧克力问世以后，制造者一直在构思另一种蓬松发泡的巧克力的新品创意，这个创意应该能够占领市场获得成功。P46能否成为这个新产品？起码现在还不像个巧克力的名字，可在巧克力的神秘世界里，每种新巧克力都用代码来开始新生命。

　　P46定位在"年轻、活泼、时髦并且可口"。就像时尚一样，它还能表现出蓬松发泡的特征。好多名字都被摆到桌面上讨论，像轮盘、街景、滚轴、K.O（或许是从OK讹传而来），反正需要听起来轻松和有泡沫感觉的那种名字。

　　巧克力开发的每个阶段都处于严格保密中。所有关于新产品的设计报告用完后都要放到粉碎机里粉碎，然后再把碎纸烧掉，做到天衣无缝。万一其他公司的间谍偷偷把烧过的纸灰收集起来，会不会偷走巧克力配方呢？在投放市场的初期，新巧克力只使用简单的包装，用不显眼的面包车运到商店，使新巧克力的秘密没有人知道，没人嘀咕它。

新巧克力在英国西北部试销。人们特别喜爱这种巧克力。吉百利公司一星期里生产了50万块这种新巧克力，还是供不应求。据报纸报道，当地人蜂拥而至，争着抢购。

这种情况持续了8个星期，p46就不得不暂时停止供应——原因很简单，公司满足不了巨大的市场需求。

尽管如此，两年以后配方解密，蓬松巧克力再一次在全英国投放市场。仅仅第一年，这种巧克力的销售量就攀升到当年巧克力销量排行榜第三位。p46是吉百利公司20世纪80年代最成功的一次市场运作。可它的真正名字是什么呢？

答案

嘀咕。（你能从故事里找出起这个名字的线索吗？）吉百利公司现在还设有嘀咕车间。嘀咕车间每分钟生产1680块巧克力，每块巧克力里面有很多直径大约0.2～0.3毫米的小泡泡。在工作人员进入嘀咕车间时，敢嘀咕吗？

　　巧克力制造商为了宣传新产品，常常不惜重金聘请一些名人。吉百利公司请了20世纪80年代最有名的电影明星，在电视上做了40秒的"嘀咕"巧克力广告。有时一个新产品用明星做广告，会产生意想不到的效果。例如，请有名的探险家。

饕餮日报

1997年1月7日

英国探险家大嚼新品巧克力

　　英国探险家兰努尔·菲纳斯订购了300块新品巧克力，准备到美国阿拉斯加探险。新产品秀斯巧克力是吉百利公司新近推出的带有葡萄干、花生和谷物的随意包装的巧克力。"对探险活动来说，巧克力是最合适的食物，"菲纳斯这样说，"它热量高，重量轻。我们通常吃的是普通巧克力，可温度到达0℃以下时，普通巧克力就硬得像块石头，现在好了，有了牙齿咬得动的秀斯巧克力。"

了不起的斯高特

巧克力一直是爱冒险的探险家们最喜欢的零食。1911年，斯高特大尉带着由福来公司赠送的"可可和巧克力装备"，满怀征服南极的雄心去探险。不幸的是，斯高特有去无回——当然他的巧克力也没了踪影。尽管如此，福来仍然乐意把巧克力、指南针和望远镜送给探险

队员。据说阿尔考克和布朗，就是一直嚼着福来的维乃罗巧克力第一次实现人类成功飞跃大西洋的梦想的。

最棒的巧克力

当你攀登珠穆朗玛峰或跋涉在亚马孙湿地的时候，哪种巧克力是你放在裤兜里最棒的巧克力呢？翻过这一页，按照我们探险家的指引，找到最棒的巧克力——看看英国探险家兰努尔的亲身体验。

119

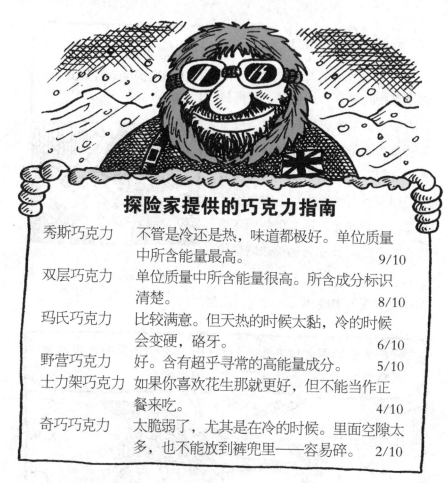

探险家提供的巧克力指南

秀斯巧克力	不管是冷还是热，味道都极好。单位质量中所含能量最高。	9/10
双层巧克力	单位质量中所含能量很高。所含成分标识清楚。	8/10
玛氏巧克力	比较满意。但天热的时候太黏，冷的时候会变硬，硌牙。	6/10
野营巧克力	好。含有超乎寻常的高能量成分。	5/10
士力架巧克力	如果你喜欢花生那就更好，但不能当作正餐来吃。	4/10
奇巧巧克力	太脆弱了，尤其是在冷的时候。里面空隙太多，也不能放到裤兜里——容易碎。	2/10

广告和嗜好

　　巧克力制造商每年花费上百万元为他们的巧克力做广告。有机会你看看这个星期电视上的巧克力广告。你相信吗？大约60%的巧克力购买者都是出于一时冲动！在商店里看到某种巧克力，你会突然产生想吃点儿的冲动。

　　可那里有50多种巧克力——怎么决定买哪一种呢？这时广告来了。如果你正好看过克郎士巧克力的广告，你可能就会发现自己奇怪地驻足在这种巧克力旁，想象着广告带给你的吃这种巧克力的润滑感觉。

广告商喜欢在巧克力广告中加入一些动人的口号。你能记得多少？

奇妙而又啰唆的猜谜

你能把某种巧克力的广告词和它们的名字对上号吗？

1. 停下来，停下……
2. 一种……每天都帮你完成作业帮你玩。
3. 最脆的巧克力。
4. 东方人的许诺。
5. 注定它们极其好吃。
6. 每个人都享有水果和坚果。
7. 打破常规。
8. 厚重的巧克力。

1. 奇巧巧克力。
2. 玛氏巧克力。
3. 雪片巧克力。
4. 福来土耳其软糖。
5. 飞船巧克力。
6. 吉百利水果和坚果巧克力。
7. 双层巧克力。
8. 耀力巧克力。

别出心裁的广告

巧克力公司想方设法吸引顾客注意他们的产品。没有什么广告能像巧克力广告那么古怪而昂贵。每年罗恩特里都要花300万英镑让咱们这些食客购买他的聪明豆！他们的广告比其他的广告也更智慧更成功。如果你也想制作一个世界上最具感染力的巧克力广告，那就来看看下面这些构思吧。

1. 加入军队

第一次世界大战时，英国巧克力短缺。那些只得到1吨公牛眼糖的英国军人羡慕地看着比利时同盟军，比利时士兵狼吞虎咽地嚼着大块好吃的瑞士托博勒巧克力。"送往比利时前线的供给"，托博勒巧克力的广告这样说。

2. 借助名人

20世纪80年代，罗恩特里公司为了宣传新产品耀力巧克力，出高薪聘请著名演员在电视广告里大嚼耀力巧克力。这个演员在女性观众里太有名气了，拍广告时公司只好让一个部门专门接待那些慕名而来的Fans，满足她们和演员合影的要求。

3. 借助皇位

在英国王室成员还没像现在这样被记者跟踪以前，没有什么比能获准使用皇家标志更重大的事了。1921年，玛丽女王参观了尼得乐巧克力工厂，甚至还亲自动手制造巧克力。此后不久，尼得乐公司赶紧推出皇家口味的什锦巧克力，暗示普通顾客也能尝到曾受女王陛下费心关照的巧克力。

4. 借助影视

1981年，玛氏公司从自己手中溜掉了一个绝好的机会。一个世界级影片制造商为拍摄新片"ET"与公司联系。制片商希望在电影里有这么一个镜头，循着M&M巧克力的踪迹，从树林里把外星人引诱出来。马尔斯说不行，电影制造商转而去找"好时"公司的里斯巧克力。后来电影打破了票房纪录，里斯巧克力在两个星期内销售量翻了3倍。马尔斯肯定在月色下后悔不迭。

5. 寻宝行动

另一个聪明的尝试，是邀请顾客揭开吉百利奶油巧克力的秘密。为了揭开这个秘密，你要买一本有关的书，这本书用富有挑逗性的顺口溜开始：

> 有一个地方在不列颠岛
>
> 要走远路去寻找
>
> 地下藏有12箱珠宝
>
> 个个都用丝带来缠绕
>
> 看哪个丝带你能得到
>
> 你的那个金蛋小宝宝……

那个金蛋很值得你费力去寻找——每个金蛋价值1000英镑！

怪异的配方：巧克力比萨饼

想在你做的比萨饼上放点什么——火腿还是菠萝？蘑菇还是辣椒？或者加点好吃的巧克力？甜比萨饼可能听起来有点儿怪，可在美国还挺流行。

烹制原料：

　　180克人造奶油

　　250克糖

　　1茶匙香草

　　380克面粉

　　60克不含糖的可可粉

　　1/2茶匙蛋糕苏打

　　1/4茶匙盐

　　180克巧克力片

　　120克捣碎的榛子

　　60克小块软糖

　　1个香蕉，用刀切成薄片

　　1个鸡蛋

方法：

　　1. 把软糖和糖搅在一起，直到蓬松，放入鸡蛋和香草混合。

　　2. 把面粉、可可、苏打和盐放到一起，充分搅拌，加入糖和鸡蛋的混合物。

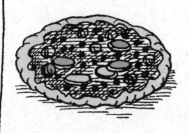

　　3. 放一半的榛子和1/3的巧克力片。

　　4. 把面团放在比萨饼平锅里，锅底要用油铺满。如果是30～35厘米的平锅，也可以把面团弄成3～4厘米像鸡蛋大小的圆饼。撒上余下的巧克力片、榛子、软糖和香蕉片。

5. 放入烤箱，在180℃的高温下烘烤18～20分钟，或者等饼的边缘变硬。放10分钟以后，等饼凉了，慢慢从烤箱里拿出来放到金属架上，让它继续降温。这是真正酷的比萨饼!

6. 最后加上巧克力薄片，把饼切成三角块，就可以吃啦!

巧克力比萨饼仅仅是各种巧克力食品中的一种。但大的巧克力生产商还是主要生产块状巧克力。仅英国巧克力市场每年就销售价值37亿英镑的巧克力，而且这个数量还在增长。三家大巧克力公司平分秋色——玛氏、吉百利和雀巢—罗恩特里。据说，有一次，雀巢—罗恩特里公司的董事会正在激烈地争论，秘书进来说了这样一句话:

先生们，先生们，请记住这里只有甜蜜!

"只有甜蜜?"试着猜猜下一章你会碰到的怪异的巧克力故事吧!

为巧克力而疯狂

这是一群喜欢巧克力的人。

这是一群热爱巧克力的人。

这是一群酷爱巧克力的人。

在这一章我们将会遇到一些看似荒诞的人（和动物），他们可以为巧克力而疯狂。

21世纪初，巧克力极大地影响了我们的生活。18世纪的时候，只有有钱人才能在咖啡屋买到巧克力。而现在，超市、汽车站、电影院、小餐馆——几乎任何一个你去过的地方，巧克力都随处可见。

巧克力已经像电视或电子游戏一样，成为现代生活的一部分。90%的英国人吃巧克力，美国吃巧克力的人数也差不多。因此产生了许多关于巧克力的新奇故事，也就不足为奇了。或许你会感到有些故事难以理解——但它们却是完全真实的。

破纪录的巧克力

任何能够引发人们激情的东西，从足球到集邮，都有破纪录者，巧克力也毫不例外。假如给所有这些受吹捧的东西颁奖的话，冠军应该非巧克力莫属。

1. 巧克力的销售顶峰

过去的10年，世界一直在疯狂地消耗奇巧巧克力，超过其他任何品牌巧克力块的消费。据统计，仅1995年我们就吃掉1300多万块奇巧巧克力。

2. 最大的巧克力块

1997年，吉百利制造了世界上最大的巧克力块。他们这样描述这块硕大无朋的吉百利牛奶巧克力：长2.8米，重1.1吨。依据正常消耗量，吃完这块巧克力将花费一个成年人100年的时间。

3. 消耗巧克力的冠军

据统计，1998年英国成为世界上消耗巧克力的冠军之国。每个英国人一年吃掉16千克巧克力——平均一天一块巧克力（花在巧克力上的钱比花在面包上的还多）。爱尔兰人与英国人并驾齐驱，瑞士人和美国人稍显逊色。

4. 最古老的巧克力块

最古老的巧克力块在有的商店里仍然可以看到，那就是福来巧克力牛奶棒。这种巧克力最早问世于1886年。130年后，福来巧克力牛奶棒还在出售——虽然已不是从前那种巧克力了，但尝一口仍然给人怀旧的感觉。

5. 最古老的可可豆

牛奶巧克力的"始祖"在伦敦的自然历史博物馆展出。这颗古老的有300年历史的巧克力豆，被牢牢地嵌进汉斯·思劳恩先生的剪贴簿中，汉斯·思劳恩是一个富有的英国医生。他甚至还发现了后来吉百利两兄弟使用的牛奶巧克力配方。

6. 最大的复活节彩蛋

在1982年，这个重3430千克的复活节彩蛋由英国的赛格弗雷德·波恩特在莱瑟斯特蛋糕店制作。这个巨大的赛格弗雷德彩蛋有3米多高。但是一年以后，它被另一个高5.42米的彩蛋比了下去，那个大彩蛋曾在比利时展出。

7. 第一个巧克力冰激凌

1921年，美国的丹尼斯店主克瑞思坦·尼尔森卖出了第一个巧克力冰激凌。在此之前，一个8岁的男孩跑进他的商店，但总在犹豫是买巧克力还是买冰激凌。这事深深触动了他。尼尔森把这两种东西巧妙地混合在一起，叫它"巧克力冰激凌"。

8. 最糟糕的巧克力销售

普罗克特和盖博是美国化学界的巨人，曾经尝试销售人造巧克力。但味道糟极了！

9. 最昂贵的巧克力

最昂贵的巧克力你是吃不到的，只能在法国印象派画家瑞尼尔的"杯中的巧克力"中看到，它展现了一位贵妇人正在品尝巧克力的情景。在1990年的一次拍卖活动中，这幅画足足卖了900万英镑。

10. 最能令人清醒的巧克力

1933年，第一个单人环绕地球飞行的是威利·珀斯特。在他7天18个小时49秒的漫长飞行中，为了保持头脑清醒，他吃了无数块巧克力。

现在你已经知道了最古老的、最大的和最贵的巧克力，但是最古怪的巧克力又是怎样的呢？这里是一些曾经刊登在最近几年报纸上，荒诞古怪的巧克力故事。

日常生活中狂吃巧克力

吓人的巧克力

甜品妈妈玛丽·巴克被吓了一大跳，当她咬下一口天河牌巧克力时，这个巧克力却反咬了她一口。

这位49岁的妈妈在果仁和葡萄干巧克力块中发现了3颗牙齿。

玛丽一边看报纸一边尽情享用巧克力，这时她听到了吱吱嘎嘎的声音。"我简直不敢相信自己的眼睛，这些牙齿的样子令我非常恶心。"玛丽说。

这个神秘的咬人者被送进了健康机构去做分析化验。

狗在巧克力天堂

斯巴克因为追赶一条蛇闯进本地一家超市。狼吞虎咽了一通巧克力饼干后，这条企图逃走的狗被锁了起来，关进了储物室——关狗的人忘了储物室里放满了复活节巧克力彩蛋。斯巴克像走进了巧克力的天堂，在狗的主人约翰·史密森赶到并且找到它之前，这条狗已经吃了价值30英镑的巧克力彩蛋。这条宠物狗被狠狠地打了一顿。

"斯巴克非常喜欢巧克力，超过任何别的东西，它能够从很远的地方嗅到巧克力的香味。"40岁的史密森先生说。这个为巧克力而疯狂的宠物现在被关在狗屋里。

巧克力战争

历经25年后，欧洲的巧克力之战才烟熄火灭。早在1973年英国加入欧盟开始，便开始一场对英国巧克力的讨伐战争。法国人和比利时人说英国的巧克力并不是真正的巧克力，因为它添加了部分蔬菜油而没有全部用纯净的可可奶油。

一些纯正主义者一直宣称英国巧克力应当作为"居家巧克力"甚至是"素食品"出口到国外。

一位英国巧克力新闻发言人答复道："我们从来没有试图去告诉法国人和比利时人怎样制作他们的巧克力，他们也没有必要来指点我们。"仅此而已。

这场争论在1999年最终予以解决，欧盟准许英国巧克力作为家庭牛奶巧克力出口到国外。还有人认为英国巧克力是"素食品"吗？

冠军们没有了玻璃球

如果你在弹球游戏中没有了玻璃球会怎么办？当然是到泰斯寇的商店买麦丽素巧克力球。

在萨斯的廷斯勒·格林进行的英国弹球冠军赛接近尾声时，他们的玻璃球不见了。

麦丽素巧克力球虽然有点轻，但大小正合适。在完全取代了比赛中的玻璃球后，它还被挖掘出了一个新用途。"选手们的体能下降时可以用它们补充能量。"比赛的组织者这样说道。

挨咬的塑像

当艺术系学生丽莎·布朗用最好的比利时白色巧克力做了一个裸体雕像时遇到了麻烦。作品在伦敦展出之前，一个男学生咬了一口雕像。当丽莎转身的时候，这个饥饿的艺术爱好者咬了一口雕像的肘部。

"他告诉我，之所以咬了雕像的肘部而没有咬下面，是因为那样太明显了。我想他是对的。"丽莎说，她决定留下这个牙印，然后对此进行说明。作品的题目就是——要你想要的（别太贪婪）。

这是一场灾难

一份巧克力礼物，通常意味着快乐。但有时这礼物却会令你伤透脑筋，就像人们所看到的一样。

1. 浑身往下滴巧克力的切瑞

《泰晤士报》海外版的编辑约翰·切瑞先生在一桩名誉侵权案件上输给了黛安娜·雷恩夫人。他同意了这样解决问题的方式，即允许黛安娜·雷恩夫人向他身上扔牛奶蛋糊饼。切瑞只穿着泳裤、戴着皮革制的头盔，站在距《泰晤士报》办公楼一步之遥的地方。由于当时没有找到牛奶蛋糊饼，雷恩夫人和她的两个儿子，12岁的弗德和9岁的瑞德，向切瑞扔了大量的用蛋奶搅拌的巧克力奶油，直到这位编辑从头到脚都被糊满为止。

雷恩夫人的律师说："我代理过很多案件，当事人都愿意得到更多金钱的赔偿。但是没有一个人像雷恩夫人那样得到如此巨大的满足。"

2. 处在头晕目眩中的桑托斯

罗伯特·道斯·桑托斯永远也不能再见到吉百利的威尔巧克力了。他在饭盒中放了一块威尔巧克力，然后把它放在威士登公园的长凳上，结果饭盒被人偷走了。真够糟糕的，关键是这些巧克力是他唯一赖以生存的食物——他被饿死了，永远也见不到他的巧克力了。

3. 软心肠的盗贼

尼尔·特里 "借用" 了一辆别人的汽车，并开着这辆车进行了一次行程300千米穿越英国的旅行。他将这辆车放回原地时，留了一张纸条，说很抱歉，他在车里发现了一盒巧克力，并且把它吃光了。糟糕的是，这些留言写在了法庭保证金收据的背面，上面留有他的姓名和地址。

特里被判了两年监禁，并为他所用掉的汽油支付20英镑罚款。

4. 不受欢迎的淘皮克巧克力

马里亚·亨利克斯非常高兴地吃着一块在伦敦皮卡迪里车站买的淘皮克巧克力，但当她一口咬进去的时候，却感到一种异常的恶心和震怒。

"我从嘴里把它扯出来，清理了粘在上面的巧克力，"

我昨天正在吃一只耗子，发现了半个淘皮克巧克力在上面……

噢……恶心死了！

她说，"我发现了一截灰色带毛的东西。"竟然是一只死耗子的尾巴！后来的追踪调查显示，这是在特克的巧克力制造厂混进去的。

玛氏巧克力的新闻发言人说："对于如此的生产过程，我们感到震惊，这件事的发生将会给淘皮克巧克力带来无可挽回的影响。"

5. 赛狗们的生活

赛狗是一项传统的运动，即使是这种平静的运动，现在也卷入了因兴奋剂而引起的公愤。兴奋剂是一种低劣的巧克力滴剂。

许多年来，巧克力一直是为赛狗准备的赛前糖果，但是现在英国的赛狗委员会已经明令禁止赛狗服用巧克力。兴奋剂测试已经表明狗儿的巧克力食物中有镇静剂和咖啡因。冠军赛狗的主人马克·派特异常愤怒，"用宠物来加强人们之间的联系，本来是一件乐事，现在却被人为地烙上兴奋剂作弊的烙印。"他咆哮着说。

6. 甜甜的药勺

这一直是最伟大的发明之一。巧克力做的舀勺能哄小孩们吃药。1937 年这个好主意被命名为"永恒的甜蜜"。但是这个点子很快就失败了，仅仅是因为太流行。妈妈们不得不告诉年幼的宝宝："我可以用巧克力勺给你喂药，但是不能把这个勺留在屋子里！"

当我们在谈论这个名为灾难的主题时，你怎么"看待"下面这个最令人作呕的食谱呢？

怪异的配方：巧克力蚂蚁卷

厌倦了果酱馅薄饼？试一试我们好吃的蚂蚁卷。爬行着、恐怖着，挡不住的脆卷！

烹制原料：

150克光滑的巧克力

300毫升甜而稠的牛奶

400克玉米片

25克蚂蚁（或者更多，如果你能抓到的话）

方法：

在热水中溶化巧克力。加入牛奶。

煮5分钟左右直到混合物沸腾。

关掉火并且让它冷却。

加入玉米片——现在是你一直期待的那部分——蚂蚁。看好它们，不要让它们沿着你的木勺爬走（如果只是孩子们，死蚂蚁是最好的选择）。让它们完全融合。

平摊一汤匙的混合物在一个涂了动物油的茶盘上，烤10分钟。

看了这种东西，你还饿吗？

巧克力的世界

回想一下你享用巧克力之前的生活吧。

好莱坞影星
凯瑟琳·赫本

　　阿兹泰克人认为巧克力是上帝的食品。西班牙征服者将这个秘密保守了一个世纪。法国皇族喜欢在床上享用他们的巧克力早餐。英国人开了巧克力屋。瑞士人将牛奶拌入巧克力中。美国人发明了制造巧克力的机器，使巧克力在酒吧里成千上万地出售。

　　到20世纪，巧克力几乎征服了整个世界。

　　世界上大约80％的人从来没有吃过巧克力或喝过可可。

《纽约时报》 1979年

137

　　那是一个令人震惊的创举。大型巧克力机的研制成功，意味着成百万的人可以享受期待诱人巧克力的快乐。其他国家的人们也都尝到了巧克力的味道，并从一开始就喜爱上了巧克力。

美国

美国人吃掉了世界上大约1/4的巧克力产品。欧洲的人均消费量比美国还大。

德国

在科隆可以参观著名的巧克力博物馆。买一张门票，送你一块巧克力。

瑞士

瑞士人保持着巧克力消费冠军的称号。世界上100多个国家进口瑞士巧克力。

非洲

向全世界供应的可可豆75%来自于非洲。

俄罗斯

俄罗斯人将巧克力和茶当做奢侈品。你可以从莫斯科红色十月工厂闻到巧克力的香味。

中国

拥有世界上最多的人口，当然也会拥有众多的巧克力爱好者。

日本

日本女孩在情人节送给男朋友的最好礼物就是巧克力。

印度

50年来，吉百利在印度成为巧克力的名牌。他们甚至在印度建造了自己的工厂。

139

巧克力走向太空

事实上，巧克力的发展从来没有停顿过，不仅已遍及世界各个角落，甚至已经走向太空。

美国纽卡斯尔大学的一种新型火箭燃料的发明灵感来源于太空酒吧中的小气泡。科学家们发现如果使用这种带小气泡的燃料，每次往返太空可以节省6000万美元。

美国宇航局的科学家说，巧克力是非常好的高能量太空食品。但是他们必须发明一种耐热的巧克力，因为火箭中没有冰箱。

盛大的节日

你不得不佩服巧克力制造商。他们不仅成功地劝说全世界把巧克力当作日常的饮食，而且每年还保留了一些特殊的日子让我们纵情享用巧克力。为什么？当然因为它是节日了！

复活节和情人节在巧克力出现之前早已存在，但巧克力制造商很快发现并抓住了这个商机，将它们同时变成巧克力的节日。

今天的复活节如果没有巧克力彩蛋是否会兴趣寡然，变得黯淡无光？谁都知道，巧克力和浪漫早就紧紧地连在了一起。情人节怎能缺少甜蜜的巧克力呢？

爱的魔力饮料

很久以来，众人已经相信了巧克力的爱情力量。阿兹泰克人的国王芒特祖马在召见他的每一位妻子之前都要饮用一杯巧克力。后来，被誉为爱之国王的卡瑟奴瓦炫耀地说宁可喝热巧克力，也不愿意喝香槟酒。至今浪漫的年轻人仍旧送成盒的巧克力给心上人，希望他们能够被刺激得两腿发软。但是巧克力真是爱的魔力饮料吗？这个问题显得有点傻，可能是吧。让我们来请教一下巧克力专家。

　　这是巧克力中PEA作用的结果。PEA是苯乙胺醇的英文缩写，它是巧克力所含300多种化学成分中的一种。科学家们说，当你中了彩票或开始恋爱的时候，你身体中的PEA含量就会增加。所以吃巧克力能让你产生和恋爱一样的感觉。当然这只是一种理论上的说法，不然在情人节购买黑色魔力巧克力的成千上万的人都有毛病吗？

复活节彩蛋

　　鸡蛋被当作礼物存在了几个世纪，中国人3000年前就在蛋壳上绘画。在西方，4世纪的时候，大斋期内禁止食用鸡蛋。所以大斋期过后，基督教徒们在复活节时将经过装饰的鸡蛋作为礼物互相馈赠。

　　巧克力复活节彩蛋是19世纪法国人和德国人发明的。最早的彩蛋用实心巧克力做成，而如何下嘴去咬着实困扰了人们相当一段时间。后来，维多利亚流行各种画着奇异线条的鸡蛋，比如用巧克力丝和杏仁糖浆装饰的鸡蛋壳。到了20世纪20年代，巧克力几乎代替了鸡蛋，鸡蛋只成了这个故事的一个引子。在复活节期间，走进甜品商店，面对众多选择会让你眼花缭乱、犹豫不决。

复活节礼品系列
1924 年

各种形状的复活节巧克力彩蛋

罗恩特里做了一个16页的庆祝复活节活动的目录，其中包括一辆驶向火车站的满载复活节彩蛋的敞篷货车。在复活节里，没有其他更令人兴奋的事情能够阻止我们狼吞虎咽地吃掉一个玛氏巧克力彩蛋或一个克郎士巧克力彩蛋。

你是否曾经纳闷，为什么巧克力彩蛋上面的图案总是不规则的？那是因为早期的制造者很难将巧克力蛋做得又圆又平，聪明人发明了用图案来掩盖蛋壳表面缺陷的办法。

古怪的烹饪方法：煎炸玛氏巧克力

你总能在复活节见到玛氏巧克力蛋，但是用一种古怪的方法去享用你所喜爱的巧克力怎么样？我们以苏格兰食品的风格发明了一种用糊糊做的玛氏巧克力。（苏格兰食品就是用羊的心、肝、肺混在一起，拌上作料，然后像炸香肠一样地煎炸它们。看到这儿，你还有胃口吗？）

奇怪的是，这种煎炸的玛氏巧克力还没有被其他地方的人们所掌握，需要给他们点儿时间。

（警告：如果你确实着迷到想实验这个烹饪方法，请找一个成年人帮助你。）

烹制原料：

　　玛氏巧克力
　　花生油
　　100克普通面粉
　　1个鸡蛋
　　300毫升牛奶
　　1碗面粉

方 法：

1. 将鸡蛋打入筛过的面粉之中做成糊糊。先加1/4的牛奶，将它们混合在一起。再加入剩下的牛奶，搅拌均匀。

2. 把油加热到180℃。小心，油已经非常热了。

3. 用漏勺盛玛氏巧克力，将其浸入糊糊，然后加干面粉，接着再浸入糊糊。

4. 现在可以开始炸了。注意，玛氏巧克力大约只要煎30秒左右。如果时间太长，它就会溶化，弄得黏糊糊的一团糟。一旦变黄变脆就将它立即取出。

5. 当它冷却后，就可以吃了，这时你会感觉自己很了不起。

客人第一次吃了炸过的玛氏巧克力后说道："太难吃了……孩子们也许会喜欢吃的。"你会说些什么呢？

精彩的小测验

对还是错

1. 第二次世界大战期间，吉百利工厂因制造防毒面具而不再生产巧克力。

2. 18世纪20年代的一个人，靠喝汤、吃饼干和巧克力活了30年。他最终活到100岁。

3. 夸利铁街巧克力于1936年开始生产，是根据由杰姆·巴瑞主演的一出戏剧而得名，剧作者是彼得·潘。

4. 作家罗尔德·达尔还在瑞普顿上学的时候，就曾经在吉百利工厂附近品尝过巧克力。

5. 世界上最长的奶油冰激凌香蕉条有1.5千米长。

6. 佛罗斯特·马尔斯为掌握搅拌巧克力原料的技巧而专门观察过工人怎样搅拌水泥。

7. 玛丽莲·梦露为保持她头发的健康，每天早晨使用巧克力洗发液。

8. 太多的糖会破坏巧克力的原味。

9. 在纽约，花350美元你就能得到一个自己的巧克力半身塑像。

10. 在实行兴奋剂检测前，运动员有时会吃玛氏巧克力给自己增添力气。

答案

除第7题外全部是正确的。并没有好莱坞电影女明星使用巧克力洗发液的纪录。

巧克力的未来

当我们进入21世纪，巧克力会发生什么样的变化呢？它会再创新的辉煌，自信而勇敢地走向其他食品所不曾到达的境地吗？还是有一天我们发现——噩梦降临——不再有足够的巧克力来分享？

巧克力瘾

就像我们说过的那样，世界上的人分为两种——喜欢巧克力的人和需要巧克力的人（那些仰着鼻子的人可能对这种说法不屑一顾）。

对巧克力非常痴迷的人好像在不断增加。真正的巧克力迷把吃巧克力看成如呼吸空气一样不可缺少。拿英国51岁的乔珥·茅瑞为例。乔珥拥有一家甜品店——就是因为她吃的东西都离不开巧克力。

乔珥的日常饮食在常人看来有点怪：

早　　　餐：一杯热巧克力

午前茶点：自制巧克力布丁

午　　　餐：大块纯巧克力

　　　　　　热巧克力泡橘子皮

午后点心：自制巧克力

晚　　　餐：深色巧克力和西红柿蘸巧克力

甜　　　食：葡萄蘸巧克力和水

饭后饮品：巧克力酒

　　依据乔珥的饮食来判断，你会以为她肯定是一位掉光牙齿的两吨重的肥婆。实际上，她很苗条，只有60千克，也从来没有患过牙病。在某种程度上，乔珥确实有些怪。有一次她被邀请参加一个化装舞会，她把自己打扮得像一个巨大的可可豆。

　　乔珥曾经打算放弃她的酷爱，但她说她刚倒出一杯凉巧克力的时候就动摇了。

　　现在，像乔珥这样的巧克力迷非常普及，以至于有一家公司专门开设了一个特色门诊。他们发明了节食香味石膏。治疗的办法是将这种香味石膏拿在手中，当你想吃巧克力的时候就闻一下。这种带有热带兰花的甜甜味道会转移你想吃巧克力的强烈愿望。只是有一个问题——每个疗程治疗的费用昂贵，而继续吃巧克力或许更便宜一些。

巧克力饥荒

或许巧克力迷是不需要治疗的，因为未来他们将得不到这种东西。一个没有巧克力的世界就像没有了学校的世界一样（只会更加缺少乐趣）。巧克力饥荒的说法很遥远吗？

1998 年，英国曾对巧克力制造商发出这样的警告：两种致命的小东西正威胁着整个世界的巧克力供应。一种是听起来很可怕的巧克力豆黑色病打击了非洲象牙海岸的可可豆供应；另一种是叫巫婆花的霉菌正侵袭着巴西的可可树，它们正在显露出即将枯萎的迹象。

这是潜在的灾难，情况非常严峻。来自雀巢、吉百利、玛氏和好时的重要人物们聚在一起认真讨论这个问题（在平时，他们彼此之间甚至连头都不点）。纽约的一家饭店警告道：

这听起来像是在制造恐慌，尽管如此，你储备了充足的麦丽素吗？

我们将可能回到巧克力仅仅是富人专属品的时代，那将是一个没有巧克力的太平盛世。

巧克力：最终的极限

伴随着油炸玛氏巧克力的出现，更不用提巧克力冰激凌，你可能会以为巧克力发明已经走到了尽头。那你就错了。只要有巧克力爱好者存在，制造商就会不停地探寻新的方法去勾引他们的食欲。

20世纪90年代：

▶ 巧克力被用来贴三维照片。

▶ 巧克力能够耐得住60℃的高温。发明这种耐热巧克力是为了供海湾战争中的美军士兵食用。

▶ 预言新一代巧克力可能是由电脑设计的（也可能是让机器人吃的）。

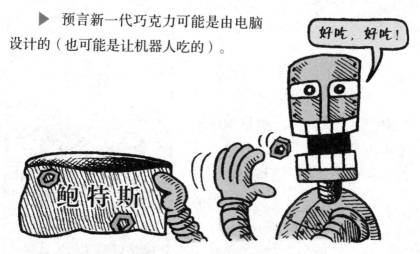

巧克力科学家接下来的梦想是什么呢？

有一件事是可以肯定的，阿兹泰克人开创的事业不会走到尽头。有人认为未来是光明的，这是个没有创意的想法。应该说未来是褐色的，它的味道就是巧克力！

153